高职高专系列教材

石油化工工艺基础

（第二版）

王焕梅　主　编

U0263356

中国石化出版社

内 容 提 要

本书主要介绍石油化工产品生产过程中原料的预处理及产品精制等物理过程的原理，以及化工单元操作的相关内容。本书共分为五章，包括：化工单元操作、石油化工的原料加工、基础产品的生产、中间产品的生产、"终端"产品的生产。

本书适用于高职高专及中等职业技术学校相关专业的学生使用，也可供从事石油化工行业的管理人员、操作人员学习参考。

图书在版编目（CIP）数据

石油化工工艺基础 / 王焕梅主编 . —2 版 . —北京：
中国石化出版社，2013.2（2024.8 重印）
高职高专系列教材
ISBN 978-7-5114-1942-2

Ⅰ.①石… Ⅱ.①王… Ⅲ.①石油化工-工艺学-高
等职业教育-教材 Ⅳ.①TE65

中国版本图书馆 CIP 数据核字（2013）第 015858 号

中国石化出版社出版发行
地址:北京市东城区安定门外大街 58 号
邮编:100011 电话:(010)57512500
发行部电话:(010)57512575
http://www.sinopec-press.com
E-mail:press@ sinopec.com
北京中石油彩色印刷有限责任公司印刷
全国各地新华书店经销
*
787×1092 毫米 16 开本 10.5 印张 258 千字
2013 年 2 月第 2 版 2024 年 8 月第 5 次印刷
定价:28.00 元

前　言

本书第一版于 2007 年出版以来已经使用了 5 年，使用本书的学校先后提出了许多宝贵意见，本着教材要符合高职教育特色并与时俱进的原则，有必要对本教材进行修订。

修订中首先更改了一些名词术语，将"基础原料加工"改为"基础产品加工"，"最终产品加工"改为"终端产品加工"，便于非化工专业学生理解。同时化工单元操作的相关内容中增加了例题和设备结构图，便于学生掌握相关知识。在第三章第一节中增加了裂解过程的原料，第四节中增加了对二甲苯的生产，与第四章第四节有了呼应，同时与时间相关的数据和参数均修订为 2011 年左右，并对相关流程图中的错误进行了修改。

本次修订，绪论、第三章、第四章、第五章由王焕梅老师编写，第一章、第二章由张远欣老师执笔，全书由王焕梅老师统稿。在编写过程中还得到了高永利、袁科道、程惠明、王景芸等老师的大力支持和帮助，在此表示谢意。

编写过程中作者参考了大量的文献和资料，在此特向作者表示感谢，所列参考文献若有遗漏还请谅解。

由于时间仓促及编者水平有限，书中难免存在不少缺点和错误，希望使用本教材的师生及其他读者批评指正。

编　者
2013 年 1 月

目 录

绪　　论

一、石油化学工业

石油化学工业是化学工业的一个重要部门，它是以石油、天然气为原料，经过多次化学加工生产各种有机化学品及合成材料的原材料工业。

石油化学工业大体上可分为原料加工、基础产品加工、中间产品加工、终端产品加工等几部分，见图1。

原料加工包括天然气加工和原油加工。天然气加工包括天然气脱硫、脱二氧化碳及烷烃分离，分离所得 C_2 以上的烷烃可作为裂解制乙烯、丙烯的原料，其中 C_4 烷烃尚可作为脱氢制丁烯、丁二烯或异丁烯的原料，原油加工包括常减压蒸馏、催化重整、催化裂化、加氢裂化、焦化等加工手段。原料加工除生产燃料油和润滑油等炼油产品外，尚可提供大量石油化工原料，例如，石脑油、柴油、加氢裂化尾油等都是乙烯生产的良好原料，催化重整油则是芳烃生产的主要原料。

基础产品加工主要包括：合成气(进一步生产甲醇)、烯烃(乙烯、丙烯、丁二烯)、芳烃(苯、甲苯、二甲苯)等产品的加工过程，如由天然气可以生产合成气、石油炼制后的石油烃裂解可以得到烯烃和芳烃等，由这些基础产品出发可进一步加工生产各种石油化工产品。

中间产品加工由于产品不同，其加工过程各有千秋。由基础产品进一步加工生产的各种化学品，作为进一步加工的原料使用时，通常称为石油化学工业的中间产品。例如，醋酸乙烯、氯乙烯、丙烯腈、苯乙烯、对苯二甲酸等。这些中间产品的生产技术基本不同，我们只能选择一些有代表性的产品向大家介绍加工过程。

终端产品加工主要涉及高聚物合成及成型等方面的知识，作为石油化学工业的终端产品是轻工、纺织、建材、机电等加工业的重要原料，主要包括合成树脂和塑料、合成橡胶、合成纤维、合成洗涤剂及其他化学品。

二、石油化工产品

石油化学工业的发展不仅从根本上改变了化学工业的原料结构，促进和推进了化学工业技术的发展，而且，所提供的大量新型合成材料在性能和生产成本上均越来越比天然材料显示出更大的优越性。石油化学工业的发展已使各种有机化学品及合成材料渗透到人们生活中衣、食、住、行的各个方面，在各个领域越来越广泛地替代各种天然材料。

1. 人人喜爱的塑料制品

塑料是大家都很熟悉的东西，人们在日常生活中几乎离不开它。塑料杯子、塑料凉鞋、塑料水壶、塑料雨衣、塑料薄膜以及塑料灯头、开关、电话外壳等都是塑料制品。它具有价钱便宜、颜色漂亮、携带方便、轻巧耐用等优点。

塑料除了可用来做生活用品外，在工农业生产和国防工业方面还有极为广泛的用途。如果一辆汽车平均用45kg塑料，就可以代替100kg以上的金属材料；假如将塑料薄膜用于农业育秧，就可以保证苗床温度，促使早熟，达到增产的效果。使用1t塑料薄膜育秧，可增产10t粮食。用于生产蔬菜时，可增加产量1~3倍。

2

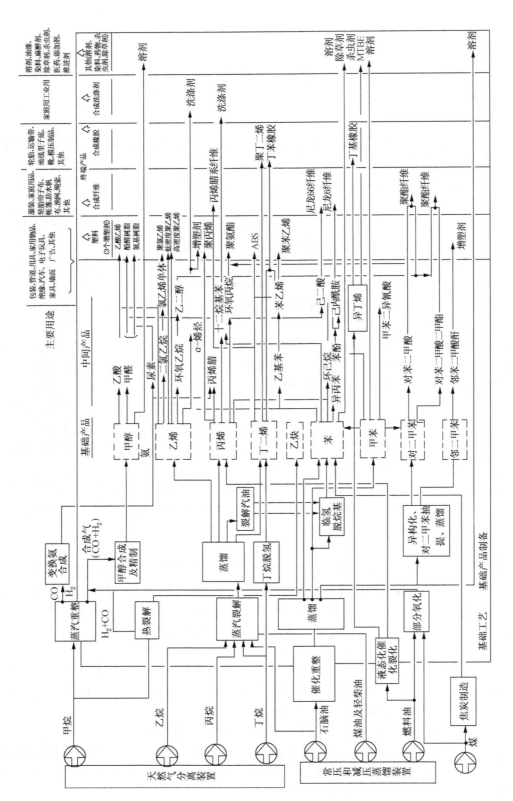

图 1 石油化学工业的内部结构

2. 五彩缤纷的合成纤维

在日常生活中，人们常把许多长度要比其直径大很多倍，并且具有一定柔韧性的纤细物质统统叫做纤维。在自然界中，诸如从植物生长出来的棉、麻；从动物身上产生出来的蚕丝、羊毛；从矿物中开采出来的石棉等，他们都是天然纤维。近年来，人们主要从石油化工中取得原料来合成这类高分子聚合物，然后再进行抽丝成纤维，这就叫合成纤维。

目前市场上合成纤维品种很多，从它们的性能、用途和工业水平等方面来看，主要有涤纶、锦纶、腈纶、丙纶、维纶、氯纶等六种。前三者产量几乎占合成纤维总产量的90%。

3. 工农业与国防工业的重要靠山——合成橡胶

人类为了制取合成橡胶，首先对橡胶树中流出的乳胶进行了研究，结果发现它的基本成分是异戊二烯，于是人们就开始合成这种成分。近几十年来，由于合成橡胶不受天时地理条件的限制，生产效率大大超过天然橡胶，而且合成橡胶的性能在耐油、耐磨、耐高温、耐低温、气密性等方面都较天然橡胶优越。所以，目前的产量已大大超过天然橡胶。

合成橡胶所需要的大量原料，如：乙烯、丙烯、丁烯和芳香烃，都是来自石油化工。先从石油中获得生产合成橡胶的单体，然而通过聚合，也像塑料中的聚合物分子一样，连接成一条很长的"链条"。不过，它不是一条笔直的"链条"，而是弯弯曲曲的，既能屈能伸，又能作旋转运动的"链条"，这就使合成橡胶单体聚联成具有弹性的大分子固体。

合成橡胶品种繁多，习惯上根据合成橡胶的主要用途，大致分为通用合成橡胶和特种合成橡胶两大类。一般通用橡胶产量较大，主要用来生产各种轮胎、工业用品和生活用品及医疗卫生用品。特种橡胶专门用作在特殊条件下使用的橡胶制品。如：丁腈橡胶主要特点是耐油性好，广泛用于制造各种耐油胶管、油箱、密封垫片等。又如某些含氟橡胶不仅能耐高温，而且不受化学药剂的侵蚀，用这种橡胶制成的各种密封环在200℃腐蚀液中可以经受6万次反复变形，而能保持性能不变。

4. 农田、果园的营养品——化肥

土地需要不断补充营养，才能为人们不断地提供粮食、蔬菜、瓜果、棉花等农作物。土地的营养来自肥料。

由于自然界中各种天然的有机肥，已满足不了实际农业生产的需求，所以，人们就逐步探索并发展了采取化学的办法来合成肥料，这种肥料就叫化学肥料，简称为化肥。

化肥中以氮肥在农业生产中用量最大，目前世界上各国的化肥生产中，氮肥的生产均占首位。氨是氮肥的基本原料，因为氨与硫酸作用就生成硫酸铵；氨与硝酸作用就可制得硝酸铵；氨与碳酸作用就能生成碳酸氢铵；氨与盐酸作用就能得到氯化铵；氨在一定条件下与二氧化碳作用，就能合成尿素。那么在工业上怎么制取氨呢？

制氨的原料是氮气和氢气。空气中五分之四都是氮气，所以，制氨工业中用的氮气即可取之于空气。制氨工业中所需的氢气可以有许多方法取得。其中，以天然气、炼厂气为原料来制氢，则具有成本低、纯度高等优点。目前我国不少化肥厂就是用这种方法来制取氢气的。人们从"空中取氮"、"油中取氢"后，将它们按要求的比例混合，然后，在一定条件下进行化学反应，就可以得到合成氨了。有了氨就有了氮肥，有了氮肥也就有了农田增产的保证。

除了以上介绍的产品外，以石油和天然气为原料还可以制得染料、农药、医药、洗涤剂、炸药、合成蛋白质以及其他有机合成工业用的原料。

可以说石油化工产品已遍及到了工业、农业、国防、交通运输和人们日常生活的各个领域。

三、全球石油化学工业的发展历程

半个世纪来，世界石油化学工业经历了三次大的产业结构调整。这三次产业结构的调整一次比一次深入，规模一次比一次大。20 世纪 50~70 年代初进行了以实现煤化工向石油化工转化为主要目标的世界第一次石油石化产业结构调整。20 世纪 70 年代末 80 年代初进行了应对石油危机的世界第二次石油石化产业结构调整。此次结构调整的主要做法是：节能降耗；加大科技投入，开发石油化工新工艺、新技术、新产品；提高石油化工加工深度；增加技术密集度和附加值高的精细化学品和专用化学品的比重；发展终端销售，发展国际化、集团化经营等。这次调整标志着国际石油石化工业从量变到质变的提高阶段，推动世界石油石化工业从粗放向集约转化。进入 20 世纪 90 年代，世界石化工业虽有了长足的发展和进步，但仍未能彻底解决有效配置资源、保护生态环境可持续发展和效益最大化三大战略问题。客观现实要求世界石化工业迫切需要从资本集约向技术集约发展需要技术创新，解决石化工艺技术存在的问题，实现传统石化技术的重大突破，使石化工业进入主要依靠技术进步求生存、求发展、求效益的新阶段。为此带来的世界石化产业结构的第三次调整，主要有以下特点：一是实行资产重组，突出核心业务，提高产业集中度，发展一体化经营，改善资产结构；二是以欧美大石油公司为主体，实施亚洲投资发展战略，调整石化工业全球化经营格局；三是精简机构，减人增效，优化企业组织结构；四是重视科技创新，调整产品结构，实行装置大型化和炼油化工一体化，推广应用现代信息技术，调整产业技术结构。

☞ 相关链接：通过信息检索了解我国石油化学工业的发展历程，你能做到吗？

四、本门课程的内容及学习方法

由图 1 我们已经对石油化学工业有了初步的了解，本门课程就是围绕这一思路向大家介绍石油化学工业的原料、基础产品加工、中间产品加工、终端产品加工等工艺过程。本门课程的重点是各种石油化工产品的生产原理、工艺条件选择、工艺流程安排等相关内容。同时为了让大家了解石油化工产品生产过程中原料的预处理及产品精制等物理过程，还增加了一章化工单元操作的相关内容。

《石油化工工艺基础》是一门专业技术课程，是基础理论、基础知识在工业生产上的应用学科。学习时要注意理论联系实际，将所学知识应用于实践，运用基础理论和知识解决实际问题；同时要关注实际生产技术的发展，将现场的新知识和新技术与所学理论相结合，这样才能达到很好的学习效果。另外，本门课程叙述内容较多，大家应学会总结与归纳，找出相同的原理或不同的规律等，理解后记忆。

复习思考题

1. 什么是石油化学工业？

2. 石油化工的原料加工主要包括什么？

3. 石油化工的基础产品主要有哪些？

4. 你能列出一些石油化工中间产品的名称吗？

5. 举例说明石油化工在你生活中的应用。

6. 通过信息检索写出一篇关于我国石油化学工业发展历程的论文。

7. 本门课程的主要内容有哪些？

第一章　化工单元操作

在种类繁多的石油化工生产中，除化学反应外，还必须对原料进行预处理和对产品进行后处理，这些处理过程可归纳为若干种基本的物理过程，称为单元操作。单元操作是对化学工业和其他过程工业中的物料进行粉碎、输送、加热、冷却、混合和分离等一系列使物料发生预期的物理变化的基本操作的总称。各种单元操作依据不同的原理，应用相应的设备，达到各自的工艺目的。如蒸馏是根据液体混合物中各组分挥发能力的差异，可以实现液体混合物中各组分分离或某组分提纯的目的。

在石油化工生产中化学反应过程固然非常重要，但进行物理过程的设备在数量上远远超过反应设备，因此，单元操作在石油化工中也占据很重要的地位。所以我们专门设置一章向大家介绍有关单元操作的基本原理及设备。

根据单元操作所遵循的基本规律，将单元操作分为三类：

① 遵循流体动力规律的单元操作：包括流体输送、沉降、过滤、搅拌等单元操作；
② 遵循传热基本规律的单元操作：包括加热、冷却、冷凝、蒸发等操作；
③ 遵循传质基本规律的单元操作：包括蒸馏、吸收、抽提、干燥等单元操作。

流体输送、传热及传质的基本原理是各单元操作的理论基础。

第一节　流　体　输　送

石油化工生产中所处理的物料无论是原料、中间产物还是最终产品，大多数是液体和气体，液体和气体因具有流动性故统称为流体。如乙烯装置中的裂解原料可以是气态的乙烷、天然气，也可以是液态的石油烃(如直馏汽油、柴油、加氢裂化尾油等)，产品中的裂解气、裂解汽油、裂解柴油、燃料油都是流体；催化裂化中的重质原料(减压馏分油、常压重油、减压渣油等)、产品(干气、液化气、汽油、柴油、渣油等)也都是流体。除此之外，在现代生产中为了强化生产实现连续操作，往往将固体采用流态化技术，使其在流动状态下操作，比如催化裂化装置中催化剂的输送过程。

石油化工生产中的流体按工艺要求需输送到指定的设备内进行处理，反应制得的产品需送到储藏设备中储存，整个过程进行的好坏、动力的消耗及设备的投资都与流体的流动状态密切相关。

一、流体静力学

(一) 基本概念

1. 密度

单位体积流体的质量称为流体的密度。

密度是流体的重要属性之一，表征流体内部质点的质量的密集程度，用 ρ 表示，SI 单位为 kg/m^3，常用单位还有 g/cm^3。

液体通常可视作具有不可压缩性，故压强对其密度的影响可忽略不计。但液体的密度却随温度的变化而变化。例如，汞在 0℃ 时的密度是 $13.6 \times 10^3 kg/m^3$；水在 4℃ 时的密度是

$1000kg/m^3$，而在 20℃时的密度为 998.2kg/m^3，在 100℃时为 958.4kg/m^3。因此，在选取密度时，一定要注意是在哪个温度下的密度。

为方便比较密度、避免不同单位间的换算或混淆，常采用相对密度。流体在某温度 t 下的密度与水在 4℃时密度之比，称为该流体在某温度下的相对密度，用符号 d_4^t 表示。相对密度是两个单位相同的物理量的比值，所以没有单位。

2. 压强

流体垂直作用于单位面积上的力称为流体的静压强，简称压强，用 p 表示。在 SI 单位中，压强的单位是 N/m^2，称为帕斯卡，以 Pa 表示。常用单位有 atm、mmHg 等。

为了区别在不同物系下对压强不同的表述，在工程上有表压、真空度、残压及绝对压强等概念。

若以 p_0 表示一个大气压，以 p 表示容器内的压强，当 $p \geq p_0$ 时，即容器内的压强高于或等于外界大气压，为正压，可用压力表测压，表上的读数称为表压，表示容器内实际压强比外界大气压高出的数值。即：$p_表 = p_{绝(正)} - p_0$。

特别注意：当表压为零时，其容器内的压强并不为零，而是等于当地大气压。

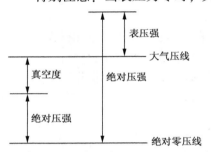

图 1-1　绝对压强与
表压、真空度的关系

当 $p < p_0$ 时，即容器内的压强低于外界大气压，为负压，需用真空表来测量。真空表上的读数称之为真空度，表示容器内实际压强比外界大气压低了多少的数值，容器内的真实压强称为残压，其值是大气压减去真空度。

即：$p_{绝(残压)} < p_0$ 时，$p_真 = p_0 - p_{绝(残压)}$ 或 $p_{绝(残压)} = p_0 - p_真$

综上所述，表压、真空度、残压与绝对压强的关系如图 1-1 所示。

应当注意，大气压强数值是随所在地的海拔高度和气温、湿度的不同而变化。因此，引用大气压时应以当时当地气压计上的读数为准。

【例 1-1】天津和兰州的大气压强分别为 101.33kPa 和 85.3kPa，苯乙烯真空精馏塔的塔顶要求维持 5.3kPa 的绝对压强，试计算两地真空表的读数（即真空度）。

解：真空度=大气压强-绝对压强

天津真空度 = 101.33-5.3 = 96.03（kPa）

兰州真空度 = 85.3-5.3 = 80（kPa）

（二）静力学基本方程

1. 流体静力学方程式

流体静力学方程式为：

$$p_A = p_0 + \rho g h \qquad (1-1)$$

式中　p_A——测压点处的压强，Pa；

　　　p_0——大气压强，Pa；

　　　h——测压仪器的液面高度，m；

　　　ρ——所测流体的密度，kg/m^3；

　　　g——重力加速度，m/s^2。

流体静力学基本方程说明在重力场作用下静止流体内部压强的变化规律。流体静力学基本方程表明：

① 在静止的、连续的同种流体内，处于同一水平面上各点的压强处处相等。压强相等的面称为等压面。

② 压强具有传递性：当作用于流体面上方压强变化时，流体内部各点的压强也将发生同样的变化。

③ 式（1-1）可改写为：

$$h = \frac{p_A - p_0}{\rho g}$$

说明压强差也可用液柱高度表示，但需注明液体的种类。如 1atm（标准大气压）相当于 760mmHg 或 10.33mH$_2$O。

2. 流体静力学方程式的应用

静力学基本方程主要应用于压强、压强差、液位、液封高度等的测量。

在化工生产中，经常要了解容器内液体的储存量，或对设备内的液位进行控制，因此，常常需要测量液位。测量液位的装置较多，但大多数遵循流体静力学基本原理。如图 1-2 所示的远距离液位计可以用来观测远距离容器内液面的高低。

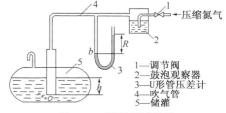

1——调节阀
2——鼓泡观察器
3——U形管压差计
4——吹气管
5——储灌

图 1-2　远距离液位计

【例 1-2】如图 1-2 所示，用鼓泡式测量装置来测量储罐内对硝基氯苯的液位，压缩氮气经调节阀 1 调节后进入鼓泡观察器 2。管路中氮气的流速控制得很小，只要在鼓泡观察器 2 内看出有气泡缓慢逸出即可，因此气体通过吹气管 4 的流动阻力可以忽略不计。吹气管某截面处的压力用 U 形管压差计 3 来测量，压差计读数 R 的大小即反映储罐 5 内液面的高度。

现已知 U 形管压差计的指示液为水银，其读数 R = 160mm，罐内对硝基氯苯的密度 ρ = 1250kg/m^3，储罐上方与大气相通。试求储罐中液面离吹气管出口的距离 h 为多少？

解：由于吹气管内氮气的流速很低，且管内不能存有液体，故可认为管出口 a 处与 U 形管压差计 b 处的压力近似相等，即 $p_a \approx p_b$。

若 p_a 与 p_b 均用表压力表示，根据流体静力学平衡方程，得：

$$p_a = \rho g h \qquad p_b = \rho_{Hg} g R$$

故：$h = \dfrac{\rho_{Hg}}{\rho} \times R = \dfrac{13600}{1250} \times 0.16 = 1.741 \text{（m）}$

二、流体动力学

流体静力学基本方程讨论了静止流体内部压强的变化规律，对于流动流体内部压强的变化规律、流体在流动过程中流速的变化关系、流体在输送过程中需要外界提供多大能量及为完成输送任务设备安装的相对高度等，都是在流体输送过程中常常会遇到的问题。要解决这些问题，必须找出流体流动的基本规律。反映流体流动的基本规律主要有连续性方程和柏努利方程式。

（一）基本概念

1. 流量与流速

（1）体积流量

单位时间内流经管道任意截面的流体体积，称为体积流量，以 V_S 表示，单位为 m^3/s。

（2）质量流量

单位时间内流经管道任意截面的流体质量，称为质量流量，以 m_s 表示，单位为 kg/s。体积流量与质量流量的关系为：

$$m_s = V_s \times \rho$$

（3）平均流速

流速是指单位时间内流体质点在流动方向上所流经的距离。实验发现，流体质点在管道截面径向各点的流速并不一致，管中心处速度最大，越靠近管壁流速越小，管壁处为零。在工程计算中，为简便起见常常采用平均流速。

平均流速 u 为流体的体积流量与管道截面积之比，单位为 m/s，习惯上平均流速简称为流速。

即：

$$u = \frac{V_s}{A}$$

2. 定态流动与非定态流动

流体流动系统中，若各截面上的温度、压强、流速等参量仅随所在空间位置变化，而不随时间变化，这种流动称之为定态流动；若系统的参变量不但随所在空间位置而变化且随时间变化，则称为非定态流动。

如图 1-3 所示，图 1-3（a）进入装置的流量总是等于排出的流量，从而维持液位恒定，因而流速不随时间而变化，为定态流动；图 1-3（b）装置流动过程中液位不断下降，流速随时间而递减，为非定态流动。在化工厂中，连续生产的开、停车阶段，属于非定态流动，而正常连续生产时均属于定态流动。为简化起见，本节研究的流体流动为定态流动。

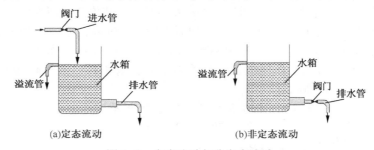

图 1-3　定态流动与非定态流动

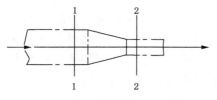

图 1-4　连续性方程式的推导

（二）定态流动系统的物料衡算——连续性方程

如图 1-4 所示的定态流动系统，流体连续地从 1—1 截面进入，2—2 截面流出，且充满全部管道。以 1—1、2—2 截面以及管内壁为衡算范围，在此范围内流体没有增加和漏失的情况下，根据物料衡算，单位时间进入截面 1—1 的流体质量与单位时间流出截面 2—2 的流体质量必然相等，即 $m_{s1} = m_{s2}$

或

$$\rho_1 u_1 A_1 = \rho_2 u_2 A_2$$

推广至任意截面

$$m_s = \rho_1 u_1 A_1 = \rho_2 u_2 A_2 = \cdots = \rho u A = 常数 \tag{1-2}$$

式（1-2）为连续性方程，表明在定态流动系统中，流体流经各截面时的质量流量恒定。

对不可压缩流体，ρ 为一常数，连续性方程可写为：

$$V_s = u_1 A_1 = u_2 A_2 = \cdots = uA = 常数 \qquad (1-2a)$$

式(1-2a)表明不可压缩流体流经各截面时的体积流量不变，流速 u 与管截面积成反比，截面积越小，流速越大；反之，截面积越大，流速越小。

对于圆形管道，式(1-2a)可变形为：

$$\frac{u_1}{u_2} = \frac{A_2}{A_1} = \left(\frac{d_2}{d_1}\right)^2 \qquad (1-2b)$$

式(1-2b)说明不可压缩流体在圆形管道中，任意截面的流速与管内径的平方成反比。

【例 1-3】如图 1-5 所示，管路由一段 $\phi 89mm \times 4mm$ 的管 1、一段 $\phi 108mm \times 4mm$ 的管 2 和两段 $\phi 57mm \times 3.5mm$ 的分支管 3a 及 3b 连接而成。若水以 $9 \times 10^{-3} \, m^3/s$ 的体积流量流动，且在两段分支管内的流量相等，试求水在各段管内的速度。

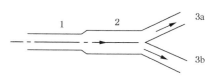

图 1-5　流体在变径管中流动

解：管 1 的内径 $d_1 = 89 - 2 \times 4 = 81(mm)$

则水在管 1 中的流速为：

$$u_1 = \frac{V_s}{\frac{\pi}{4} d_1^2} = \frac{9 \times 10^{-3}}{0.785 \times 0.081^2} = 1.75(m/s)$$

管 2 的内径 $d_2 = 108 - 2 \times 4 = 100(mm)$

由式(1-2b)，则水在管 2 中的流速为：

$$u_2 = u_1 \left(\frac{d_1}{d_2}\right)^2 = 1.75 \times \left(\frac{81}{100}\right)^2 = 1.15(m/s)$$

管 3a 及 3b 的内径 $d_3 = 57 - 2 \times 3.5 = 50(mm)$

又水在分支管路 3a、3b 中的流量相等，则有：$u_2 A_2 = 2 u_3 A_3$

即水在管 3a 和 3b 中的流速为：

$$u_3 = \frac{u_2}{2} \left(\frac{d_2}{d_3}\right)^2 = \frac{1.15}{2} \left(\frac{100}{50}\right)^2 = 2.30(m/s)$$

（三）定态流动系统的能量守恒——柏努利方程

1. 流体流动过程的能量形式

如图 1-6 所示的定态流动系统中，流体从 1—1 截面流入，从 2—2 截面流出。以 1—1、2—2 截面以及管内壁所围成的空间中的流体为研究对象，这部分流体的能量在流动过程中守恒。

若将衡算基准定为 1kg 的流体，并将 0—0 水平面定为基准面，流体具有的几种能量形式表现为：

（1）位能

流体受重力作用在不同高度处所具有的能量称为位能。计算位能时应先规定一个基准水平面。将质量为 $m$kg 的流体自基准水平面升举到 z 处所做的功，即为位能。

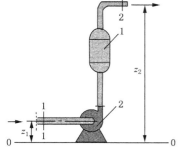

图 1-6　柏努利方程式的推导
1—换热设备；2—输送设备

位能 $=mgz$，1kg 的流体所具有的位能为 zg，其单位为 J/kg。

（2）动能

流体以一定速度流动，便具有动能。

m kg 流体的动能 $=\frac{1}{2}mu^2$，1kg 的流体所具有的动能为 $\frac{1}{2}u^2$，其单位为 J/kg。

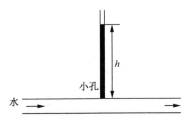

图 1-7　流体静压能的推导

（3）静压能

在静止或流动的流体内部，任一处都有相应的静压强，如果在一内部有液体流动的管壁面上开一小孔，并在小孔处装一根垂直的细玻璃管，液体便会在玻璃管内上升，上升的液柱高度即是管内该截面处液体静压强的表现，如图 1-7 所示。对于图 1-6 的流动系统，由于在 1—1 截面处流体具有一定的静压强，流体要通过该截面进入系统，就需要对流体做一定的功，以克服这个静压强。换句话说，进入截面后的流体，也就具有与此功相当的能量，流体所具有的这种能量称为静压能或流动功。

质量为 m、体积为 V_1 的流体，通过 1—1 截面所需的作用力 $F_1 = p_1 A_1$，流体通过此截面所走的距离 V_1/A_1，故与此功相当的静压能为：

$$输入的静压能 = p_1 A_1 \frac{V_1}{A_1} = p_1 V_1$$

1kg 流体所具有的静压能为 $\dfrac{pV}{m} = \dfrac{p}{\rho}$，其单位为 J/kg。

位能、动能及静压能三种能量均为流体在同一截面处所具有的机械能，三者之和称为某截面上的总机械能。

此外，流体在流动过程中，还有通过其他外界条件与衡算系统交换的能量，如机泵外加的能量，换热器提供的热量等。

（4）外加能量

在图 1-6 的流动系统中，还有流体输送机械(泵或风机)向流体做功，1kg 流体从流体输送机械所获得的能量称为外加功或有效功，用 W_e 表示，其单位为 J/kg。

在研究体系内有换热设备时，流体可从换热设备中获得热量或向换热设备中输出热量，1kg 流体与换热设备交换的能量用 Q_e 表示，其单位为 J/kg。从换热设备中获得热量时 Q_e 为正，向换热设备中传递热量时 Q_e 为负。

（5）损失能量

由于流体流过管路时需克服阻力，使一部分机械能消耗掉，这部分机械能转化为热能后不能再转化为机械能。在做能量衡算时，这部分能量看作是从流体输出到外界中的能量，称为损失能量。1kg 流体损失的能量用 $\sum h_f$ 表示，其单位为 J/kg。

2. 实际流体的能量衡算

根据能量守恒原则，对于衡算范围，其输入的总能量必等于输出的总能量。在图 1-6 中，在 1—1 截面与 2—2 截面之间的衡算范围内：

$$z_1 g + \frac{1}{2}u_1^2 + \frac{p_1}{\rho_1} + W_e + Q_e = z_2 g + \frac{1}{2}u_2^2 + \frac{p_2}{\rho_2} + \sum h_f \qquad (1-3)$$

因为液体为不可压缩流体，则 $\rho_1 = \rho_2 = \rho$。

若流动系统无热量交换，则 $Q_e = 0$。

式(1-3)可简化为：

$$z_1 g + \frac{1}{2}u_1^2 + \frac{p_1}{\rho} + W_e = z_2 g + \frac{1}{2}u_2^2 + \frac{p_2}{\rho} + \sum h_f \qquad (1-3a)$$

式(1-3a)即为不可压缩实际流体的机械能衡算式，其中每项的单位均为 J/kg。

若以单位质量流体为基准，应将式(1-3a)各项同除以重力加速度 g，可得：

$$z_1 + \frac{1}{2g}u_1^2 + \frac{p_1}{\rho g} + \frac{W_e}{g} = z_2 + \frac{1}{2g}u_2^2 + \frac{p_2}{\rho g} + \frac{\sum h_f}{g}$$

令

$$H = \frac{W_e}{g}, \quad H_f = \frac{\sum h_f}{g}$$

则

$$z_1 + \frac{1}{2g}u_1^2 + \frac{p_1}{\rho g} + H = z_2 + \frac{1}{2g}u_2^2 + \frac{p_2}{\rho g} + H_f \qquad (1-3b)$$

式(1-3b)中各项的单位均为 $\frac{[W_e]}{[g]} = \frac{\text{J/kg}}{\text{N/kg}} = \frac{\text{J}}{\text{N}} = \text{m}$，表示单位质量(1N)流体所具有的能量。虽然各项的单位为 m，与长度的单位相同，但在这里应理解为 m 液柱，其物理意义是指单位质量流体所具有的机械能可以把它自身从基准水平面升举的高度。习惯上将 z、$\frac{u^2}{2g}$、$\frac{p}{\rho g}$ 分别称为位压头、动压头和静压头，三者之和称为总压头，H_f 称为压头损失，H 为单位质量的流体从流体输送机械所获得的能量，称为外加压头或有效压头。

对于可压缩流体，若 $|p_1 - p_2|/p_1 < 20\%$，以上各式均成立，只是 ρ 要以平均压强下的密度 ρ_m 替代。

3. 理想流体的机械能衡算

理想流体是指没有黏性(即流动中没有摩擦阻力)的流体。这种流体实际上并不存在，是一种假想的流体，但这种假想对解决工程实际问题具有重要意义。对于不可压缩理想流体又无外功加入时，式(1-3a)、式(1-3b)可分别简化为：

$$z_1 g + \frac{1}{2}u_1^2 + \frac{p_1}{\rho} = z_2 g + \frac{1}{2}u_2^2 + \frac{p_2}{\rho} \qquad (1-3c)$$

$$z_1 + \frac{1}{2g}u_1^2 + \frac{p_1}{\rho g} = z_2 + \frac{1}{2g}u_2^2 + \frac{p_2}{\rho g} \qquad (1-3d)$$

通常式(1-3c)、式(1-3d)称为理想流体的柏努利方程，式(1-3)、式(1-3a)、式(1-3b)是柏努利方程的引伸，习惯上也称为柏努利方程式。

4. 柏努利方程的应用

柏努利方程与连续性方程是解决流体流动问题的基础，应用柏努利方程可以解决流体输送与流量测量等实际问题。

(1)应用柏努利方程式解题要点

① 作图与确定衡算范围：根据题意画出流动系统的示意图，并指明流体的流动方向。定出上、下游研究截面，以明确流动系统的衡算范围。

② 截面的选取：两截面均应与流动方向相垂直，并且在两截面间的流体必须是连续的。所求的未知量应在截面上或在两截面之间，且截面上的 z、u、p 等有关物理量，除所需求取

的未知量外，都应该是已知的或能通过其他关系可以计算出来。

两截面上的 z、u、p 与两截面间的 $\sum h_f$ 都应相互对应一致。

③ 基准水平面的选取：选取基准水平面的目的是为了确定流体位能的大小，实际上在柏努利方程式中所反映的是位能差（$\Delta z = z_2 - z_1$）的数值。所以，基准水平面可以任意选取，但必须与地面平行。z 值是指截面中心点与基准水平面间的垂直距离。为了计算方便，通常取基准水平面通过衡算范围的两个截面中的任一个截面。如该截面与地面平行，则基准水平面与该截面重合，$z = 0$；如衡算系统为水平管道，则基准水平面通过管道的中心线，此时 $\Delta z = 0$。

④ 单位必须一致：在用柏努利方程式之前，应把有关物理量换算成一致的 SI 单位，然后进行计算。两截面的压强除要求单位一致外，还要求表示方法一致。从柏努利方程式的推导过程得知，式中两截面的压强为绝对压强，但由于式中所反映的是压强差（$\Delta p = p_2 - p_1$）的数值，因此两截面的压强也可以同时用表压强来表示。

（2）流体输送机械的功率和效率

在柏努利方程式中，zg、$\frac{1}{2}u^2$、$\frac{p}{\rho}$ 分别表示单位质量流体在某截面上所具有的位能、动能和静压能；而 W_e、$\sum h_f$ 是指单位质量流体在两截面流动时从外界获得的能量以及消耗的能量。W_e 是输送机械对 1kg 流体所做的有效功。

输送机械单位时间所做的有效功，称为有效功率，用 N_e 表示。

即：
$$N_e = m_s W_e$$

式中　N_e——有效功率，W（或 J/s）；

　　　m_s——流体的质量流量，kg/s。

可以看出，W_e 是选用流体输送机械的重要依据。

实际上，流体输送机械从电动机等原动机处获得能量，本身也有能量转换效率，流体输送机械实际消耗的功率应为：

$$N = \frac{N_e}{\eta}$$

式中　N——流体输送机械的轴功率（单位时间内电机给泵轴的能量），W；

　　　η——流体输送机械的效率。

（3）柏努利方程的应用

流体流动及输送问题的计算，都是根据流体的柏努利方程来进行。比如：确定管道中流体的流量（流速）、容器间的相对位置、输送设备的有效功率、管路中流体的压强。

① 管道中流体的流量（流速）的计算：

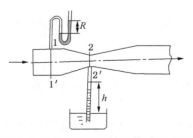

图 1-8　接有文丘里管的管路示意图

【例 1-4】20℃的空气在直径为 80mm 的水平管流过。现于管路中接一文丘里管，如图 1-8 所示。文丘里管的上游接一水银 U 形管压差计，在直径为 20mm 的喉颈处接一细管，其下部插入水槽中。空气流过文丘里管的能量损失可忽略不计。当 U 形管压差计读数 $R = 25$mm、$h = 0.5$m 时，试求此时空气的流量是多少 m³/h。当地大气压强为 101.33×10^3Pa。

解：文丘里管上游测压口处的压强为：

$$p_1 = \rho_{Hg} gR = 13600 \times 9.81 \times 0.025 = 3335 \text{Pa}(\text{表压})$$

喉颈处的压强为：

$$p_2 = -\rho gh = -1000 \times 9.81 \times 0.5 = -4905 \text{Pa}(\text{表压})$$

空气流经截面 1—1′ 与截面 2—2′ 的压强变化为：

$$\frac{p_1 - p_2}{p_1} = \frac{(101330 + 3335) - (101330 - 4905)}{101330 + 3335} = 0.079 = 7.9\% < 20\%$$

故可按不可压缩流体来处理。

两截面间的空气平均密度为：

$$\rho = \rho_m = \frac{M}{22.4} \frac{T_0 p_m}{T p_0} = \frac{29}{22.4} \times \frac{273\left[101330 + \frac{1}{2}(3335 - 4905)\right]}{293 \times 101330} = 1.20(\text{kg/m}^3)$$

在截面 1—1′ 与截面 2—2′ 之间列柏努利方程式，以管道中心线作基准水平面。两截面间无外功加入，即 $W_e = 0$；能量损失可忽略，即 $\sum h_f = 0$。据此，柏努利方程式可写为：

$$gZ_1 + \frac{u_1^2}{2} + \frac{p_1}{\rho} = gZ_2 + \frac{u_2^2}{2} + \frac{p_2}{\rho}$$

式中
$$Z_1 = Z_2 = 0$$

所以
$$\frac{u_1^2}{2} + \frac{3335}{1.2} = \frac{u_2^2}{2} - \frac{4905}{1.2}$$

简化得
$$u_2^2 - u_1^2 = 13733 \tag{a}$$

据连续性方程
$$u_1 A_1 = u_2 A_2$$

得
$$u_2 = u_1 \frac{A_1}{A_2} = u_1 \left(\frac{d_1}{d_2}\right)^2 = u_1 \left(\frac{0.08}{0.02}\right)^2$$

$$u_2 = 16 u_1 \tag{b}$$

以式(b)代入式(a)，即 $(16u_1)^2 - u_1^2 = 13733$

解得
$$u_1 = 7.34(\text{m/s})$$

空气的流量为：

$$V_s = 3600 \times \frac{\pi}{4} d_1^2 u_1 = 3600 \times \frac{\pi}{4} \times 0.08^2 \times 7.34 = 132.8(\text{m}^3/\text{h})$$

② 容器间相对位置的计算：

【例 1-5】如图 1-9 所示，某车间用一高位槽向喷头供应液体，液体密度为 1050kg/m³。为了达到所要求的喷洒条件，喷头入口处要维持 4.05×10^4Pa 的压强(表压)，液体在管内的速度为 2.2m/s，管路阻力估计为 25J/kg(从高位槽的液面算至喷头入口为止)，假设液面维持恒定，求高位槽内液面至少要在喷头入口以上多少米？

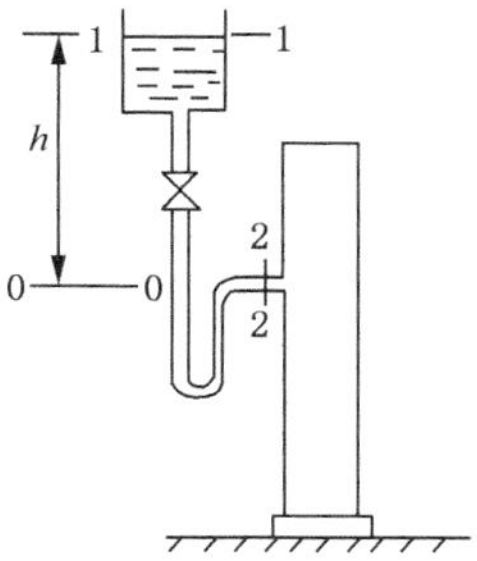

图 1-9 流体流动示意图

$$z_1 g + \frac{1}{2} u_1^2 + \frac{p_1}{\rho} = z_2 g + \frac{1}{2} u_2^2 + \frac{p_2}{\rho} + \sum h_f$$

其中，z_1 为待求值，$z_2 = 0$，$u_1 \approx 0$(因高位槽截面比管道截面大得多，故槽内流速比管内流速要小得多，可忽略不计，即 $u_1 \approx 0$，$u_2 = 2.2\text{m/s}$，$\rho = 1050\text{kg/m}^3$，$p_{1表} = 0$，$p_{2表} = 4.05 \times 10^4\text{Pa}$，$\sum h_f = 25\text{J/kg}$。

解：将已知数据代入：

$$z_1 = \frac{p_2 - p_1}{\rho g} + \frac{u_2^2 - u_1^2}{2g} + (\sum h_f / g) = 6.73(\text{m})$$

解出 $z_1 = 6.73\text{m}$。

由本题可知，高位槽能连续供应液体，是由于流体的位能转变为动能和静压能，并用于克服管路阻力的缘故。

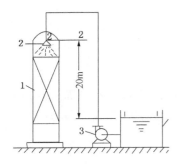

图 1-10　有离心泵的输送系统

③ 输送设备的有效功率的计算：

【例 1-6】如图 1-10 所示，某车间用离心泵将料液送往塔中，塔内压强为 $4.91 \times 10^5\text{Pa}$（表压），槽内液面维持恒定，其上方为大气压。储槽液面与进料口之间垂直距离为 20m，设输送系统中的压头损失为 5m 液柱，料液密度为 900kg/m^3，管子内径为 25mm，每小时送液量为 2000kg。

求：1）泵所需的有效功率 N_e。

2）若泵效率为 60%，求泵的轴功率 N。

解：1）取料液储槽液面为 1—1 截面，并定为基准面，料液进塔管口处为 2—2 截面，在两截面之间列出柏努利方程：

$$z_1 + \frac{u_1^2}{2g} + \frac{p_1}{\rho g} + H = z_2 + \frac{u_2^2}{2g} + \frac{p_2}{\rho g} + H_f$$

其中 $z_1 = 0$，$z_2 = 20\text{m}$，$p_{1表} = 0$，$p_{2表} = 4.91 \times 10^5\text{Pa}$，$\rho = 900\text{kg/m}^3$，$u_1 \approx 0$，$u_2$ 待求，$H_f = 5\text{m}$ 液柱，$d_内 = 25\text{mm}$，$m_s = 2000\text{kg/h}$。

$$u_2 = \frac{2000/(3600 \times 900)}{\frac{\pi}{4} \times 0.025^2} = 1.26(\text{m/s})$$

$$H = (z_2 - z_1) + \frac{u_2^2 - u_1^2}{2g} + \frac{p_2 - p_1}{\rho g} + H_f = 20 + \frac{1.26^2}{2 \times 9.81} + \frac{4.91 \times 10^5}{900 \times 9.81} + 5 = 80.69(\text{m})$$

泵的有效功率：

$$N_e = N_e \cdot m_s = H \cdot g \cdot m_s = 80.69 \times 9.81 \times \frac{2000}{3600} = 439.76(\text{W}) \approx 0.44(\text{kW})$$

2）$N = \dfrac{N_e}{\eta} = \dfrac{0.44}{0.6} = 0.733(\text{kW})$

④ 管路中流体压强的计算：

【例 1-7】如图 1-11 所示，某厂利用喷射泵输送氨。管中稀氨水的质量流量为 $1 \times 10^4\text{kg/h}$，密度为 1000kg/m^3，入口处的表压为 147kPa。管道的内径为 53mm，喷嘴出口处内径为 13mm，喷嘴能量损失可忽略不计，试求喷嘴出口处的压力。

解：取稀氨水入口为 1—1′ 截面，喷嘴出

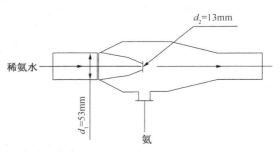

图 1-11　有喷射泵的输送系统

口为 2—2′ 截面，管中心线为基准水平面。在 1—1′ 截面和 2—2′ 截面间列柏努利方程：

$$z_1g+\frac{1}{2}u_1^2+\frac{p_1}{\rho}+W_e=z_2g+\frac{1}{2}u_2^2+\frac{p_2}{\rho}+\sum H_f$$

其中：$z_1=0$，$p_1=147\times10^3\,\text{Pa}$（表压）；

$$u_1=\frac{m_s}{\frac{\pi}{4}d_1^2\rho}=\frac{10000/3600}{0.785\times0.053^2\times1000}=1.26(\text{m/s})$$

$z_2=0$；喷嘴出口速度 u_2 可直接计算或由连续性方程计算：

$$u_2=u_1\left(\frac{d_1}{d_2}\right)^2=1.26\left(\frac{0.053}{0.013}\right)^2=20.94(\text{m/s})$$

$W_e=0$，$\sum H_f=0$，

将以上各值代入柏努利方程：

$$\frac{1}{2}\times1.26^2+\frac{147\times10^3}{1000}=\frac{1}{2}\times20.94^2+\frac{p_2}{1000}$$

解得 $p_2=-71.45\,\text{kPa}$（表压）

即喷嘴出口处的真空度为 71.45kPa。

三、流体输送机械

化工厂输送液体的设备是泵，应用最多的是离心泵。

（一）离心泵

离心泵（图 1-12）具有转速高、体积小、重量轻、效率高、流量大、结构简单、输液无脉动、性能平稳、容易操作和维修方便等特点。且能适用于多种特殊性质物料，因此离心泵是化工厂中最常用的液体输送机械。近年来，离心泵正向着大型化、高转速的方向发展。

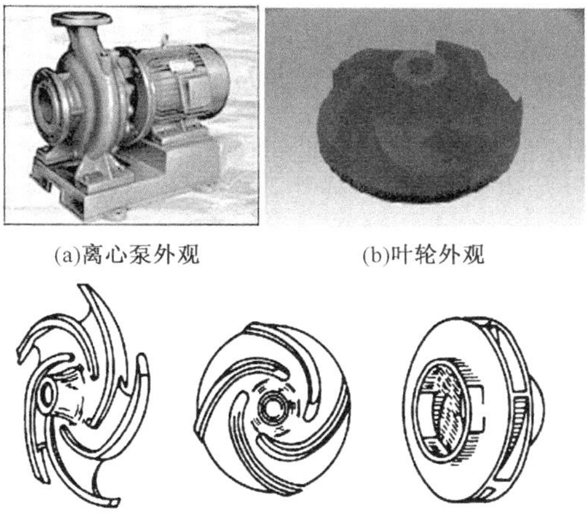

1. 离心泵的主要部件

（1）叶轮

叶轮是离心泵的关键部件，它是由若干弯曲的叶片组成。叶轮的作用是将原动机的机械能直接传给液体，提高液体的动能和静压能。

叶轮按其机械结构可分为闭式、半闭式和开式（即敞式）三种，在叶片的两侧带有前后盖板的叶轮称为闭式叶轮（图 1-12e）；在吸入口侧

(a)离心泵外观　(b)叶轮外观

(c)敞式叶轮　(d)半蔽式叶轮　(e)蔽式叶轮

图 1-12　离心泵

无盖板的叶轮称为半闭式叶轮（图 1-12b、图 1-12d）；在叶片两侧无前后盖板，仅由叶片和轮毂组成的叶轮称为开式叶轮（图 1-12c）。闭式叶轮宜用于输送清洁的液体，泵的效率较高。

叶轮按吸液方式不同分为单吸式和双吸式两种。单吸式从叶轮一侧吸入液体，叶轮结构简单，双吸式从叶轮两侧对称地吸入液体，双吸式叶轮不仅具有较大的吸液能力，而且可以基本上消除轴向推力。

（2）泵壳

泵壳的作用是将叶轮封闭在一定的空间，以便由叶轮的作用吸入和压出液体。泵壳多做成蜗壳形（见图1-13b），故又称蜗壳。由于流道截面积逐渐扩大，故从叶轮四周甩出的高速液体逐渐降低流速，使部分动能有效地转换为静压能。泵壳不仅汇集由叶轮甩出的液体，同时又是一个能量转换装置。

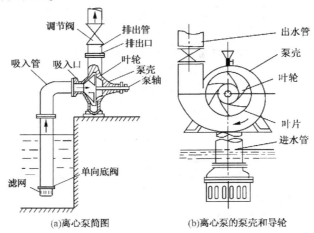

(a)离心泵简图　　　　　　　(b)离心泵的泵壳和导轮

图1-13　离心泵的主要部件

（3）轴封装置

泵轴的作用是借联轴器和电动机相连接，将电动机的转矩传给叶轮，所以它是传递机械能的主要部件。离心泵工作时是泵轴旋转而泵壳不动，泵轴与泵壳之间的密封称为轴封。轴封的作用是防止高压液体沿间隙从泵壳内漏出，或外界空气漏入泵内。轴封装置保证离心泵正常、高效运转，常用的轴封装置有填料密封和机械密封两种。

2. 离心泵的工作原理

（1）排液过程

离心泵一般由电动机驱动。泵在启动前需先向泵壳内灌满被输送的液体（称为灌泵），启动后，泵轴带动叶轮及叶片间的液体高速旋转，在惯性离心力的作用下，液体从叶轮中心被抛向外周，提高了动能和静压能。液体进入泵壳后，由于流道逐渐扩大，液体的流速减小，使部分动能转换为静压能，最终以较高的压强从排出口进入排出管路。

（2）吸液过程

当泵内液体从叶轮中心被抛向外周时，叶轮中心形成了低压区。由于储槽液面上方的压强大于泵吸入口处的压强，在该压强差的作用下，液体便经吸入管路被连续地吸入泵内。

（3）气缚现象

当启动离心泵时，若泵内未能灌满液体而存在大量气体，则由于空气的密度远小于液体的密度，叶轮旋转产生的惯性离心力很小，因而叶轮中心处不能形成吸入液体所需的真空度，这种虽能启动离心泵，但不能输送液体的现象称为气缚。因此，离心泵是一种没有自吸能力的液体输送机械。若泵的吸入口位于储槽液面的上方，在吸入管路应安装单向底阀和滤网。单向底阀可防止启动前灌入的液体从泵内漏出，滤网可阻挡液体中的固体杂质被吸入而堵塞泵壳和管路。若泵的位置低于槽内液面，则启动时就无须灌泵。

3. 离心泵的主要性能参数

离心泵的性能参数是用以描述一台离心泵的一组物理量。

① 叶轮转速 n：1000~3000r/min、2900r/min 最常见。

② 流量 Q：以体积流量来表示的泵的输液能力，流量与叶轮结构、尺寸和转速有关。泵总是安装在管路中，故流量还与管路特性有关。

③ 压头(扬程) H：泵向单位质量流体提供的机械能。与流量、叶轮结构、尺寸和转速有关。

④ 功率：

a. 有效功率 N_e：指液体从叶轮获得的能量——$N_e = HQ\rho g$；此处 Q 的单位为 m^3/s。

b. 轴功率 N：指泵轴所需的功率。当泵直接由电机驱动时，它就是电机传给泵轴的功率。

⑤ 效率 η：有效功率与轴功率之比定义为泵的总效率(η)，即：

$$\eta = \frac{N_e}{N}$$

它反映了泵对外加能量的利用程度。

4. 离心泵的特性曲线

对一台特定的离心泵，在转速固定的情况下，其压头、轴功率和效率都与其流量有一一对应的关系，其中以压头与流量之间的关系最为重要。表示这些关系的图形称为离心泵的特性曲线。由于它们之间的关系难以用理论公式表达，目前一般都通过实验来测定。离心泵的特性曲线包括 H-Q 曲线、N-Q 曲线和 η-Q 曲线。

离心泵的特性曲线一般由离心泵的生产厂家提供，标绘于泵的样本或产品说明书中，其测定条件一般是20℃清水，转速也固定。典型的离心泵性能曲线如图 1-14 所示。

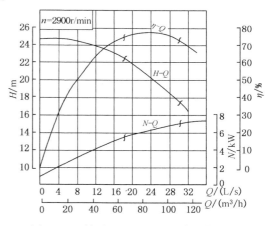

离心泵的特性曲线有以下指导意义：

① 从 H-Q 特性曲线中可以看出，随着流量的增加，泵的压头是下降的，即流量越大，泵向单位质量流体提供的机械能越小。但是，这一规律对流量很小的情况可能不适用。

② 轴功率随着流量的增加而上升，流量为零时轴功率最小，所以大流量输送一定对应着大的配套电机。这一规律还提示我们，离心泵

图 1-14 某种型号离心泵的特性曲线

应在关闭出口阀的情况下启动，这样可以使电机的启动电流最小，以保护电机。

③ 泵的效率先随着流量的增加而上升，达到一最大值后便下降。但流量为零时，效率也为零。根据生产任务选泵时，应使泵在最高效率点附近工作，其范围内的效率一般不低于最高效率点的92%。

④ 离心泵的铭牌上标有一组性能参数，它们都是与最高效率点对应的性能参数，称为最佳工况参数。

【例 1-8】以20℃的水为介质，在泵的转速为2900r/min 时，测定某台离心泵性能，测定

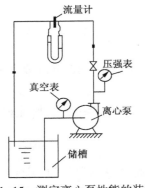

流量计

压强表

真空表

离心泵

储槽

图 1-15　测定离心泵性能的装置

装置如图 1-15 所示，某次实验的数据如下：

流量 12m³/h，泵出口处压强表的读数为 0.37MPa，泵入口处真空表读数为 0.027MPa，轴功率为 2.3kW。若压强表和真空表两测压口间垂直距离为 0.4m，且泵的吸入管路和排出管路直径相同。求这次实验中泵的压头和效率。

解：（1）泵的压头

以真空表和压强表所在的截面为 1—1′ 和 2—2′ 截面，列出以单位质量为衡算基准的柏努利方程，即

$$z_1 + \frac{u_1^2}{2g} + \frac{p_1}{\rho g} + H = z_2 + \frac{u_2^2}{2g} + \frac{p_2}{\rho g} + H_{f1-2}$$

其中，$z_2 - z_1 = 0.4m$，$u_1 = u_2$，$p_1 = -2.7 \times 10^4 Pa$（表压），$p_2 = 3.7 \times 10^5 Pa$（表压）
因测压口之间距离较短，流动阻力可忽略，即 $H_{f1-2} \approx 0$；故泵的压头为：

$$H = 0.4 + \frac{3.7 \times 10^5 + 2.7 \times 10^4}{1000 \times 9.81} = 40.87（m）$$

（2）泵的效率

$$\eta = \frac{HQ\rho g}{N} = \frac{40.87 \times 12 \times 1000 \times 9.81}{3600 \times 2.3 \times 1000} = 0.581$$

分析说明：在本实验中，若改变出口阀的开度，测出不同流量下的若干组有关数据，可按上述方法计算出相应的 H 及 η 值，并将 $H-Q$、$N-Q$、$\eta-Q$ 关系标绘在坐标纸上，即可得到该泵在 $n = 2900r/m$ 下的特性曲线。

5. 常用离心泵的分类及选用方法

国产离心泵按照被输送液体的性质可分为清水泵、耐腐蚀泵、油泵、杂质泵、屏蔽泵和液下泵六类。按照泵的吸入方式可将离心泵分为单吸泵和双吸泵两类。按照泵的叶轮数可分为单级泵和多级泵两类。应根据实际生产情况的需要，选用不同类型的泵。选用离心泵的一般方法是：首先根据被输送液体的性质和操作条件确定离心泵的类型，如液体的温度、压力、黏度、腐蚀性、固体粒子含量以及是否易燃易爆等都是选用离心泵类型的重要依据。然后根据被输送液体的最大流量确定最大流量下所需要的压头。根据管路要求的流量 Q 和压头 H 来选定合适的离心泵型号。在选用时，应考虑到操作条件的变化并留有一定的余量。选用时要使所选泵的流量与扬程比任务需要的稍大一些。如果用系列特性曲线来选，要使 (Q, H) 点落在泵的 $Q-H$ 线以下，并处在高效区。若有几种型号的泵同时满足管路的具体要求，则应选效率较高的，同时也要考虑泵的价格。当液体密度大于水的密度时，必须校核轴功率。最后列出泵在设计点处的性能，供使用时参考。

6. 泵的汽蚀现象和安装高度

离心泵的吸液是靠吸入液面与吸入口间的压差完成的。吸入管路越高，吸上高度越大，则吸入口处的压力将越小。当吸入口处压力小于操作条件下被输送液体的饱和蒸气压时，液体将会汽化产生气泡，含有气泡的液体进入泵体后，在旋转叶轮的作用下，进入高压区，气泡在高压的作用下，又会凝结为液体。由于原气泡位置的空出造成局部真空，使周围液体在高压的作用下迅速填补原气泡所占空间。这种高速冲击频率很高，可以达到每秒几千次，冲击压力可以达到数百个大气压甚至更高，这种高强度高频率的冲击，轻的能造成叶轮的疲

劳，重的则可以将叶轮与泵壳破坏，甚至能把叶轮打成蜂窝状。这种由于被输送液体在泵体内汽化再凝结对叶轮产生剥蚀的现象叫离心泵的汽蚀现象。汽蚀现象发生时，会产生噪声和引起振动，泵的流量、扬程及效率均会迅速下降，严重时不能吸液。工程上规定，当泵的扬程下降3%时，就进入了汽蚀状态。为了防止汽蚀现象的发生，必须使泵入口处的压力大于被输送液体的饱和蒸气压，这是确定泵安装高度的原则。

7. 离心泵安装与操作的注意事项

（1）安装时应注意事项

① 选择安装地点，要求靠近液源，场地应明亮干燥，便于检修、拆装。

② 泵的地基要求坚实，一般用混凝土地基，地脚螺栓连接，防止振动。

③ 泵轴和电动机转轴要严格控制在同一水平面上。

④ 吸入管路的安装应严格控制好安装高度，并应尽量减少弯头、阀门等局部阻力，吸入管的直径不应小于泵进口的直径。

（2）运行时应注意事项

① 启动前应灌泵、盘车并排气。

② 应在出口阀关闭的情况下启动泵，使启动功率最小，以保护电动机。

③ 停泵前先关闭出口阀，以免液体倒灌进泵内损坏叶轮。

④ 泵运转中应定时检查、维修等，特别要经常检查轴封的泄漏情况和发热与否；经常检查轴承是否过热，注意润滑。

（二）往复泵

往复泵在化工生产中用于要求压头大而排液量较小的场合。

往复泵如图1-16所示，由泵缸、活塞、吸入阀、排出阀和驱动机构组成。当活塞向右运动时，泵缸工作容积增大，缸内压力降低，单向吸入阀开启，液体进入泵缸内；当活塞向左运动（回行程）时，工作容积缩小，缸内压力升高，单向吸入阀封闭，液体冲开单向排出阀向外排出。活塞上装有密封填料，以阻止液体向活塞另一侧泄漏。

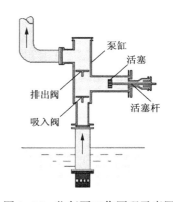

图1-16 往复泵工作原理示意图

往复泵是利用活塞的往复运动，将能量传递给液体，以完成液体输送任务，往复泵输送液体的流量只与活塞的位移有关，不管压力如何，传输几乎恒定的流量。这种特性称为正位移特性，往复泵属于正位移泵。

与离心泵一样，往复泵也是借助泵体内减压而吸入液体，所以吸入高度也有一定的限制。往复泵的低压是靠泵体内活塞移动使空间扩大而形成的。往复泵在开动之前，没有充满液体也能吸液，即往复泵不需灌液，具有自吸能力。往复泵的流量不能用排出管路上的阀门来调节，而应采用旁路管或改变活塞的往复次数、改变活塞的冲程来实现。往复泵启动前必须将排出管路中的阀门打开，否则会憋坏泵缸。

往复泵的特点是活塞直接对液体做功，能量直接以静压的方式传给液体。采用往复泵可使液体获得高的压强。

（三）气体压送机械

输送和压缩气体的设备统称为气体压送机械，其作用与液体输送设备颇为类似，都是对流体做功，以提高流体的压强。

1. 气体压送机械的用途

气体输送和压缩设备在化工生产中应用十分广泛，主要用于：

① 气体输送。为了克服输送过程中的流动阻力，需要提高气体的压强。

② 产生高压气体。有些化学反应或单元操作需要在高压下进行，如氨的合成、冷冻等，需要将气体的压强提高至几十、几百甚至上千个大气压。

③ 产生真空。有些化工单元操作，如过滤、蒸发、蒸馏等往往要在低于大气压的压强下进行，这就需要从设备中抽出气体，以产生真空。

2. 气体压送机械的一般特点

① 动力消耗大：对一定的质量流量，由于气体的密度小，其体积流量很大。因此气体输送管中的流速比液体要大得多，前者流速（15～25m/s）约为后者（1～3m/s）的10倍。这样，以各自的流速输送同样的质量流量，经相同的管长后气体的阻力损失约为液体的10倍。因而气体压送机械的动力消耗往往很大。

② 气体压送机械体积一般都很庞大，对出口压力高的机械更是如此。

③ 由于气体的可压缩性，故在压送机械内部气体压力变化的同时，体积和温度也将随之发生变化。这些变化对气体压送机械的结构、形状有很大影响。因此，气体压送机械需要根据出口压力来加以分类。

3. 气体压送机械的分类

气体压送机械可按其出口气体的压强或压缩比来分类。压送机械出口气体的压强也称为终压。压缩比是指压送机械出口与进口气体的绝对压强的比值。根据终压，大致将压送机械分为：

通风机：终压不大于15kPa（表压）；

鼓风机：终压为15～300kPa（表压），压缩比小于4；

压缩机：终压在300kPa（表压）以上，压缩比大于4；

真空泵：将低于大气压的气体从容器或设备内抽至大气中。

此外，压送机械按其结构与工作原理又可分为离心式、往复式、旋转式和流体作用式等。

4. 离心式通风机、鼓风机和压缩机

离心式通风机（图1-17）、鼓风机与压缩机的工作原理和离心泵相似，依靠叶轮的旋转运动使气体获得能量，从而提高了流体的压强。通风机都是单级的，通常只具有一个叶轮，所产生的表压强低于15kPa，对气体起输送作用。鼓风机和压缩机都是多级的，前者产生的表压强低于300kPa，后者高于300kPa，两者对气体都有较显著的压缩作用。

通风机和鼓风机的压缩比小，不需要冷却装置，离心压缩机的压缩比大，机器转速很高（可达10000r/min以上），叶轮数也多，需要设置中间冷却器，将经过几级叶轮压缩的气体冷却，以减少功耗。

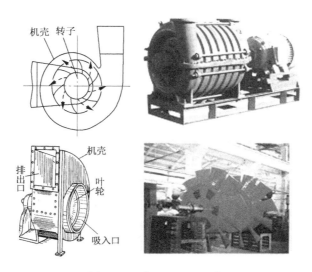

图 1-17 离心风机及叶轮

第二节 传热过程及设备

一、概述

(一) 传热在化工生产过程中的应用

化工生产中，温度是控制反应进行的极重要的条件。由于催化剂的活性和反应活化能的要求，反应温度需要调节在一定的范围，过高或过低都会导致原料利用率的降低。放热反应释放大量反应热，除一部分由反应产物带出外，其余热量必须及时地从反应区域移走，否则将因热量积累而引起温度上升，破坏反应的最佳条件，甚至发生危险。与此相反，裂解等吸热反应必须及时提供热量。此外，进入反应系统的原料需要预热至一定温度才能发生反应，离开反应系统的产物有时必须急冷以免发生副反应。由此可见，传热过程是绝大部分化工生产中必不可少的基本操作。

在蒸发、蒸馏、吸收和干燥等单元操作中，物料都有一定的温度要求，需要向设备传入或移走一定的热量，热量传递是使以上诸分离操作正常进行的重要条件。

化工设备和管道的保温、生产中热能的合理利用以及废热的回收都与传热过程密切相关。

化工生产对传热过程的要求有以下两个方面：①强化传热过程：即对各种换热设备要求传热速率快，传热效果好，完成相同传热任务所需的传热面积少，传热设备的结构紧凑，设备费用低；②减少或抑制(削弱)传热过程：如设备和管道的保温，要求传热速率慢，以减少热损失。

热的传递有三种基本方式：热传导、热对流和热辐射。实际上，这三种传热方式很少单独进行、往往是同时发生的，但它们间的传热机理有根本上的差别。

(二) 工业操作中冷热流体热交换方式

根据操作原理的不同，传热可分为三种：直接接触式换热、蓄热式换热和间壁式换热(图 1-18)。

1. 直接接触式的混合换热

对于某些传热过程，例如气体的冷却或水蒸气的冷凝等，可使热、冷流体直接混合进行

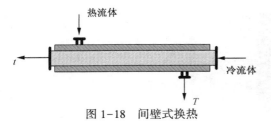

图 1-18 间壁式换热

热流体

冷流体

热交换，所采用的设备称为混合式换热器，这种换热方式的优点是传热效果好，设备结构简单，传热效率高。常见的设备有凉水塔、洗涤塔及喷射冷凝器等。显然，只有工艺上允许两流体互相混合的情况，才能采用这种换热方式。直接接触换热器的机理比较复杂，它在进行传热的同时往往伴有传质过程。

2. 蓄热式换热

蓄热式换热器亦称回流式换热器或蓄热器。此类换热器是借助于热容量较大的固体蓄热体，将热量由热流体传给冷流体。当蓄热体与热流体接触时，从热流体处接受热量，蓄热体温度升高，然后与冷流体接触，将热量传给冷流体，蓄热体温度下降，从而达到换热的目的。此类换热器结构简单，且可耐高温，常用于高温气体热量的回收或冷却。其缺点是设备体积庞大，且不能完全避免两种流体的混合，所以这类设备在化工生产中使用得不太多。

3. 间壁式换热

在化工生产中遇到的多是间壁两侧流体的热交换，即冷、热流体被固体壁面(传热面)所隔开，它们在壁面两侧流动，互不接触，热量由热流体通过壁面传给冷流体。固体壁面即构成间壁式换热器的换热面。

间壁式换热器应用广泛，形式多样，各种管壳式和板式结构的换热器均属此类。该类型换热器适用于冷、热流体不允许混合的场合。

(三) 传热速率和热通量

在换热器中热传递的快慢用传热速率来表示。

传热速率 Q 是指单位时间内通过传热面的热量，其单位为 W。

热通量 q 则是指每单位传热面积的传热速率，其单位为 W/m^2。由于换热器的传热面积可以用圆管的内表面积 S_i、外表面积 S_o 或平均面积 S_m 表示，因此，相应热通量的数值各不相同，计算时应标明选择的基准面积。

传热速率和热通量是评价换热器性能的重要指标，传热速率的通式为：

$$传热速率 \ Q = \frac{传热推动力}{传热阻力} = \frac{温度差}{热阻} = \frac{\Delta t}{R}$$

(四) 定态传热和非定态传热

与流体流动一样，传热过程分为定态传热和非定态传热。定态传热时，传热面各点的温度不随时间而改变，通过传热表面的传热速率为一常量。非定态传热时，传热面各点温度随时间而变化。连续生产过程中的传热多为定态传热，而间歇操作大多是非定态传热。

二、热传导

温度不均匀的物体内部或不同温度的物体直接接触时，由于物质的分子、原子运动而引起热量传递的方式称为热传导。例如，加热炉炉管从外壁到内壁沿壁厚方向温度分布极不均匀，热量就是以导热方式从外壁透过炉管传向内壁的。热传导是静止物体内的一种传热方式。

傅立叶用三角级数积分的方法推导出定态热传导定律，称为傅立叶定律，即：

$$\frac{dQ}{dA} = -\lambda \frac{\partial t}{\partial x}$$

式中　Q——传热速率，即单位时间传导的热量，其方向与温度梯度的方向相反，W；

　　　A——与热传导方向垂直的传热面（等温面）面积，m^2；

　　　λ——物质的导热系数，$W/(m \cdot ℃)$ 或 $W/(m \cdot K)$。

傅立叶定律表明热通量的大小与导热系数及温度梯度（传热推动力）成正比，而热通量的方向与温度梯度的方向相反，即热量朝着温度下降的方向传递。

导热系数 λ 表征了物质导热能力的大小，是物质的物理性质之一。导热系数的大小和物质的形态、组成、密度、温度及压力有关。

各种物质的导热系数通常用实验方法测定。导热系数数值的变化范围很大，一般来说，金属的导热系数最大，非金属固体次之，液体较小，气体最小。

1. 通过平壁的传热速率

将傅立叶定律积分变形得：

$$Q = \frac{t_1 - t_2}{\dfrac{b}{\lambda A}} = \frac{\Delta t}{R} \tag{1-4}$$

式中　b——平壁厚度，m；

　　　Δt——温度差，导热推动力，℃；

　　　$R = \dfrac{b}{\lambda A}$——导热热阻，℃/W。

2. 通过圆筒壁的传热速率

如图 1-19 所示，设圆筒的内半径为 r_1，外半径为 r_2，长度为 L。圆筒内、外壁面的温度分别为 t_1 和 t_2，且 $t_1 > t_2$。仿照平壁热传导公式，通过该薄圆筒壁的导热速率也可使用式（1-4）计算，但圆筒壁的传热面常采用内、外壁表面的对数平均值 A_m 表示。

$$A_m = \frac{A_2 - A_1}{\ln \dfrac{A_2}{A_1}}$$

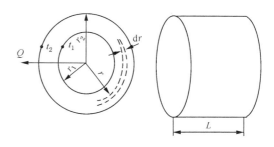

图 1-19　单层圆筒壁的热传导

与此对应，半径以内、外半径的对数平均值 r_m 表示。

$$r_m = \frac{r_2 - r_1}{\ln \dfrac{r_2}{r_1}}$$

A_m 也可以表示为：

$$A_m = 2\pi r_m L = \frac{2\pi L (r_2 - r_1)}{\ln \dfrac{r_2}{r_1}}$$

将式（1-4）变形：

$$Q = \frac{\Delta t \cdot A}{\dfrac{b}{\lambda}} = \frac{2\pi L \lambda \Delta t}{\ln \dfrac{r_2}{r_1}} \tag{1-4a}$$

式(1-4a)即为单层圆筒壁的传热速率方程式。

【例1-9】蒸汽管外径48mm，包扎的石棉泥保温层的 λ 为0.15W/(m·K)，保温层厚60mm。与蒸汽管子接触的石棉层内层壁面温度为120℃，与周围空气接触的外壁面温度为30℃。试求每米管长因传导而造成的热损失速率。若保温层加厚到120mm，这时外壁温度随之降至25℃。则热损失情况怎样？

解：将式(1-4a)移项并代入数据得：

$$\frac{Q}{L} = \frac{2\pi\lambda\Delta t}{\ln\dfrac{r_2}{r_1}} = \frac{2\pi\lambda(t_1-t_2)}{\ln\dfrac{r_2}{r_1}} = \frac{2\pi\times(120-30)\times0.15}{\ln\dfrac{(48\div2+60)}{48\div2}} = 67.7(\text{W/m})$$

当保温层加厚到120mm时，求得：$Q/L = 47.3(\text{W/m})$。

三、对流传热

对流是流体流过固体表面时与固体表面之间的传热过程，是流体的宏观运动(对流)和微观运动(导热)共同作用的结果。从加热炉辐射室上升的高温气体在对流段加热对流管内的物料即为对流传热方式。凉水塔、空气冷却器等都采用对流传热对被冷物料进行冷却。在炼油化工生产中最常见的间壁换热器中，流体与固体壁面间的传热过程，是由流体将热量传给壁面，或由壁面将热量传给流体的过程，其传热方式既包括流体主体中的对流，又包括靠边壁处的层流底层中的导热，因流体的导热系数很小，通过热传导传递的热量很少，所以对流是流体的主要传热方式。

根据引起流体质点发生相对位移的不同原因，对流可分为自然对流和强制对流。由于流体各部分温度不同而引起密度差异，从而使流体产生相对运动产生的对流称为自然对流，由于泵、风机或其他外力作用引起流体流动而产生的对流称为强制对流。

1. 对流传热方程式

$$Q = \alpha A(T-T_w) \tag{1-5}$$

式中　α——对流传热系数，W/(m²·K)。

　　　A——传热壁面面积，m²；

　　　T——热流主体温度，K；

　　　T_w——热流体侧的壁温，K。

式(1-5)为描述对流传热的基本关系，又称为牛顿冷却定律。此式说明对流给热时，传热速率与温度差和传热壁面面积成正比，与热阻成反比。

对于冷流体(壁面对冷流体传热，冷流体被加热)，同理可得到：

$$Q = \alpha A(t_w-t) \tag{1-5a}$$

式中　t——冷流体主体温度，K；

　　　t_w——冷流体一侧的壁温，K。

2. 对流传热系数

定义式：

$$\alpha = \frac{Q}{A\Delta t}$$

对流传热系数表示温差为1℃时，在单位时间内穿过单位面积所传递的热量，其值大小标志着对流传热的强度，值越大，说明对流传热的热阻越小，有利于传热。由于流体与壁面

24

之间的传热较复杂，影响因素又多，这些影响因素都被归纳在对流传热系数中，要解决对流传热过程的计算，必须先确定对流传热系数。本节为简化起见，计算中一律给出对流传热系数的值。

3. 对流传热系数主要影响因素

影响对流传热系数 α 的因素很多，包括流体的种类和物理性质；流体的流动型态（层流和湍流）和对流（自然对流和强制对流）的情况，传热温度的大小和相变化；传热面积的形状、大小、排列方式和位置等，而这些因素又不是孤立的存在的，往往互相制约且发生综合的影响。

式(1-5)并没有揭示影响传热系数的因素。实验表明，影响 α 的主要因素有：

① 流体的状态：气体、液体、蒸气及传热过程是否有相变化等；

② 液体的物理性质：如密度、比热容、黏度及导热系数等；

③ 液体的流动形态：层流或湍流；

④ 液体对流的对流状况：自然对流、强制对流等；

⑤ 传热表面积的形状、位置及大小。

四、传热过程的计算

化工生产中最常用到的传热操作是热流体经管壁或器壁向冷流体传热的过程，该过程称为热交换或换热，进行热交换的设备称为热交换器或换热器。

冷、热流体通过间壁两侧的传热过程包括以下三个步骤：

① 热流体以对流方式将热量传递给管壁；

② 热量以热传导方式由管壁的一侧传递至另一侧；

③ 传递至另一侧的热量又以对流方式传递给冷流体。

1. 总传热速率和总传热系数

以套管换热器为例作介绍，设在某截面 A—B 两侧，高温流体温度、高温侧壁温、低温侧壁温、低温流体温度分别为 T、T_{w}、t_{w}、t，透过高温流体有效膜、间壁、低温流体有效膜的传热方程分别为：

$$\begin{cases} Q = \alpha_{\mathrm{o}} A (T - T_{\mathrm{w}}) \\ Q = \dfrac{\lambda}{b} A (T_{\mathrm{w}} - t_{\mathrm{w}}) \\ Q = \alpha_{\mathrm{i}} A (t_{\mathrm{w}} - t) \end{cases} \quad 或 \quad \begin{cases} \dfrac{Q}{\alpha_{\mathrm{o}}} = A (T - T_{\mathrm{w}}) \\ \dfrac{Qb}{\lambda} = A (T_{\mathrm{w}} - t_{\mathrm{w}}) \\ \dfrac{Q}{\alpha_{\mathrm{i}}} = A (t_{\mathrm{w}} - t) \end{cases}$$

将上面三个方程式两边相加，整理后得：

$$Q = \frac{A(T-t)}{\dfrac{1}{\alpha_{\mathrm{o}}} + \dfrac{b}{\lambda} + \dfrac{1}{\alpha_{\mathrm{i}}}} = KA\Delta t \tag{1-6}$$

式(1-6)称为传热基本方程，式中 A 为传热总面积，K 为总传热系数。

可见：

$$\frac{1}{K} = \frac{1}{\alpha_{\mathrm{o}}} + \frac{b}{\lambda} + \frac{1}{\alpha_{\mathrm{i}}} \tag{1-6a}$$

式中　$\dfrac{1}{\alpha_{\mathrm{o}}}$、$\dfrac{1}{\alpha_{\mathrm{i}}}$——对流传热热阻，$\mathrm{m^2 \cdot K/W}$；

$\dfrac{b}{\lambda}$——导热热阻，$m^2 \cdot K/W$；

K——传热系数，$W/(m^2 \cdot K)$。

传热系数的物理意义表示间壁两侧流体间温度差为 1K 时，单位时间内通过单位面积的换热面所传递的热量。

传热系数是衡量换热器性能的一个重要指标，K 值越大，说明传热的热阻越小，单位面积上传递的热量越多。

换热器使用一段时间后，传热壁面往往积存一层污垢，对传热形成了附加热阻，称污垢热阻。污垢热阻的大小与流体的性质、流速、温度、设备结构及运行时间等因素有关。对于一定的流体，增加流速，可以减少污垢在壁面的沉积，降低污垢热阻。由于污垢层的厚度及其导热系数难以准确测定，通常只能根据污垢热阻的经验值进行计算。污垢热阻的经验值可查阅有关手册。

为了减少冷、热流体壁面两侧的污垢热阻，换热器应定期清洗。对于圆筒壁，考虑污垢热阻后总传热系数由式(1-6b)求得：

$$K = \cfrac{1}{\dfrac{1}{\alpha_o} + R_o + \dfrac{b}{\lambda} + R_i + \dfrac{1}{\alpha_i}} \qquad (1-6b)$$

式中 R_o、R_i——间壁两侧的污垢热阻，$m^2 \cdot K/W$。

若以外表面为基准：

$$K_o = \cfrac{1}{\dfrac{1}{\alpha_o} + R_o + \dfrac{\delta}{\lambda}\dfrac{A_o}{A_m} + R_i\dfrac{A_o}{A_i} + \dfrac{1}{\alpha_i}\dfrac{A_o}{A_i}}$$

或

$$K_o = \cfrac{1}{\dfrac{1}{\alpha_o} + R_o + \dfrac{\delta}{\lambda}\dfrac{r_o}{r_m} + R_i\dfrac{r_o}{r_m} + \dfrac{1}{\alpha_i}\dfrac{r_o}{r_i}} \qquad (1-6c)$$

若以内表面为基准：

$$K_i = \cfrac{1}{\dfrac{1}{\alpha_o}\dfrac{A_i}{A_o} + R_o\dfrac{A_i}{A_o} + \dfrac{\delta}{\lambda}\dfrac{A_i}{A_m} + R_i + \dfrac{1}{\alpha_i}}$$

或

$$K_i = \cfrac{1}{\dfrac{1}{\alpha_o}\dfrac{r_i}{r_o} + R_o\dfrac{r_i}{r_o} + \dfrac{\delta}{\lambda}\dfrac{r_i}{r_m} + R_i + \dfrac{1}{\alpha_i}} \qquad (1-6d)$$

【例 1-10】热空气在冷却管管外流过 $\alpha_o = 90W/(m^2 \cdot ℃)$，冷却水在管内流过 $\alpha_i = 1000W/(m^2 \cdot ℃)$。冷却管外径 $d_o = 16mm$，壁厚 $b = 1.5mm$，管壁的 $\lambda = 40W/(m \cdot ℃)$。试求：

① 总传热系数 K_o；

② 管外对流传热系数 α_o 增加 1 倍，总传热系数有何变化？

③ 管内对流传热系数 α_i 增加 1 倍，总传热系数有何变化？

解：① 忽略管壁两侧的污垢热阻，由式(1-6c)可知：

$$K_o = \cfrac{1}{\dfrac{1}{\alpha_o} + \dfrac{\delta}{\lambda}\dfrac{r_o}{r_m} + \dfrac{1}{\alpha_i}\dfrac{r_o}{r_i}} = \cfrac{1}{\dfrac{1}{90} + \dfrac{0.0015}{40} \times \dfrac{16}{14.5} + \dfrac{1}{1000} \times \dfrac{16}{13}}$$

$$= \cfrac{1}{0.01111 + 0.00004 + 0.00123} = 80.8 [W/(m^2 \cdot ℃)]$$

可见管壁热阻很小，通常可以忽略不计。

② $K_o = \dfrac{1}{\dfrac{1}{2 \times 90} + 0.00123} = 147.4\,[\,\text{W}/(\text{m}^2 \cdot ℃)\,]$

传热系数增加了82.4%。

③ $K_o = \dfrac{1}{0.01111 + \dfrac{1}{2 \times 1000} \times \dfrac{16}{13}} = 85.3\,[\,\text{W}/(\text{m}^2 \cdot ℃)\,]$

传热系数只增加了6%。

说明要提高 K 值，应提高较小的 α 值。

若管壁热阻及污垢热阻可忽略，提高 K 值的有效方法如下：

由于

$$\frac{1}{K} = \frac{1}{\alpha_i} + \frac{1}{\alpha_o}$$

当 $\alpha_i \gg \alpha_o$，$K \approx \alpha_o$ 时，欲提高 K 值，必须提高 α_o；

当 $\alpha_i \ll \alpha_o$，$K \approx \alpha_i$ 时，欲提高 K 值，必须提高 α_i；

当 α_i 与 α_o 相差不大时，欲提高 K 值，必须将 α_i、α_o 同时提高。

增加流体的流速，定期清洗换热器，可使污垢热阻减少，使 K 值增加。

2. 平均传热温度差

传热平均温度差是指参与热量交换的冷、热两流体温度的差值。根据两流体沿传热壁面流动时各点的温度变化，可以分为恒温传热和变温传热两种情况。

（1）稳态恒温传热

两流体经换热器壁面传递热量时，若壁面一侧为沸腾的液体（沸点温度为 t），另一侧为饱和蒸气冷凝（冷凝温度为 T）。由于两流体的温度不随时间、不随壁面位置变化，传热温度差可简单地表示为：

$$\Delta t = T - t$$

恒温传热是热交换中的一种特例，两侧流体均发生相变化。一般认为蒸发和蒸馏过程属于恒温传热过程。

（2）稳态变温传热

当两流体的温度或其中一种流体的温度随传热面的位置发生变化时，称为变温传热过程，这是生产中常见的情况，在计算变温传热过程中，应取整个传热壁面温度差的平均值，即平均温度差，用符号 Δt_m 表示。

换热器中冷、热两种流体的流动形式一般分为并流和逆流两种。

如图1-20中（a）为套管换热器两流体作并流流动，（b）为逆流流动。

上述两种情况的平均温度差应取两流体进、出换热器处温度差的对数平均值。

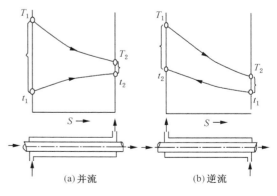

图1-20 变温传热时温度差变化

对数平均值可以通过数学推导得出，其表达式为：

$$\Delta t_{\mathrm{m}} = \frac{\Delta t_2 - \Delta t_1}{\ln \dfrac{\Delta t_2}{\Delta t_1}} \tag{1-7}$$

式中　　Δt_{m}——对数平均温度值，K。

在 Δt_{m} 的计算中，取两流体进、出换热器处温差大的值作为 Δt_1，温差小的值作为 Δt_2。

当 $\Delta t_1 / \Delta t_1 \leqslant 2$ 时，用算术平均值 $\left(\dfrac{\Delta t_1 + \Delta t_2}{2}\right)$ 代替对数平均值，误差在 4% 以内，这在工程的计算中是允许的。

【例 1-11】现用一列管式换热器加热原油，原油在管外流动，进口温度为 100℃，出口温度为 160℃；某反应物在管内流动，进口温度为 250℃，出口温度为 180℃。试分别计算并流与逆流时的平均温度差。

解：并流时：

$$\Delta t_2 = 250 - 100 = 150\,(℃)，\quad \Delta t_1 = 180 - 160 = 20\,(℃)$$

$$\Delta t_{\mathrm{m}} = \frac{\Delta t_2 - \Delta t_1}{\ln \dfrac{\Delta t_2}{\Delta t_1}} = \frac{150 - 20}{\ln \dfrac{150}{20}} = 65\,(℃)$$

逆流时：

$$\Delta t_2 = 250 - 160 = 90\,(℃)，\quad \Delta t_1 = 180 - 100 = 80\,(℃)$$

$$\Delta t_{\mathrm{m}} = \frac{\Delta t_2 - \Delta t_1}{\ln \dfrac{\Delta t_2}{\Delta t_1}} = \frac{90 - 80}{\ln \dfrac{90}{80}} = 84.7\,(℃)$$

逆流操作时，因 $\Delta t_1 / \Delta t_2 = 90/80 < 2$，故可以用算术平均值：

$$\Delta t_{\mathrm{m}} = (\Delta t_1 + \Delta t_2)/2 = (90 + 80)/2 = 85\,(℃)$$

讨论：在冷热流体的始温、终温相同的条件下，$\Delta t_{\mathrm{m逆}} > \Delta t_{\mathrm{m并}}$。在 Q 及 K 分别相同的条件下，采用逆流换热可以节省传热面积，故工业生产中多采用逆流操作。

3. 传热面积的计算

计算传热面积的依据是总传热方程式。计算传热面积的目的有两个：一是根据生产任务所需的传热负荷，确定合理的传热面积及结构尺寸；二是根据换热器的结构和有关尺寸，核算该换热器能否满足生产的需求。

计算传热面积时，要注意传热面积与传热系数的对应关系。如果所选用的传热系数是以外表面为基准的，则计算传热面积要与之对应，按外表面积确定。

将式(1-6)改写为：

$$Q = KA_{\mathrm{o}}\Delta t$$

已知传热面积，若以圆管的外表面为基准，可按下式计算管数(n)或管长(l)。

$$A_{\mathrm{o}} = n\pi d_{\mathrm{o}} l$$

在列管换热器系列中，常用的管子直径有 ϕ19mm×2mm 和 ϕ25mm×2.5mm 的钢管；换热器管子的长度有 1m、1.5m、2m、3m、6m 等几种。

4. 换热器传热过程的强化

所谓换热器传热过程的强化就是力求使换热器在单位时间内、单位传热面积传递的热量尽可能增多。其意义在于：在设备投资及输送功耗一定的条件下，获得较大的传热量，从而增大设备容量，提高劳动生产率；在保证设备容量不变情况下使其结构更加紧凑，减少占有空间，节约材料，降低成本；在某种特定技术过程使某些工艺特殊要求得以实施等。传热过程的强化途径主要有增大传热面积、增大平均温度差、增大总传热系数，其中最根本的途径是增大总传热系数。

（1）增大传热面积

增大传热面积可以提高换热器的传热速率，但增大传热面积不能靠增大换热器的尺寸来实现，而是要从设备的结构入手，提高单位体积的传热面积。工业上往往通过改进传热面的结构来实现。目前已研制出并成功使用了多种高效能传热面，它不仅使传热面得到充分的扩展，而且还使流体的流动和换热器的性能得到相应的改善。例如，用翅片式换热器，用轧制、冲压、打扁或爆炸成型等方法将传热面制造成各种凹凸形、波纹型、扁平状等，将细小的金属颗粒烧结或涂敷于传热表面或填充于传热表面间，以实现扩大传热面积的目的，减少管子直径，增加单位体积的传热面积。

（2）增大平均温度差

增大平均温度差，可以提高换热器的传热效率。平均温度差的大小主要取决于两流体的温度条件和两流体在换热器中的流动形式。一般来说，被处理物料的温度由生产工艺来决定，不能随意变动，而加热介质或冷却介质的温度由于所选介质不同，可以有很大的差异。例如，在化工中常用的加热介质是饱和水蒸气，若提高蒸汽的压力就可以提高蒸汽的温度，从而提高平均温度差。但需指出的是提高介质的温度必须考虑到技术上的可行性和经济上的合理性。另外，采用逆流操作或增加管壳式换热器的壳程数均可得到较大的平均温度差。

（3）增大总传热系数

增大总传热系数可以提高换热器的传热效率。由总传热系数的计算公式可见，要提高 K 值，就必须减少各项热阻。但因各项热阻所占比例不同，故应设法减少对 K 值影响较大的热阻。一般来说，在金属材料换热器中，金属材料壁面较薄且导热系数高，不会成为主要热阻；污垢热阻是一个可变因素，在换热器刚投入使用时，污垢热阻很小，不会成为主要矛盾，但随着使用时间的加长，污垢逐渐增加，便可成为阻碍传热的主要因素；对流传热热阻经常是传热过程的主要矛盾，也应是着重研究的内容。增大总传热系数 K 的主要方法有：

① 尽可能利用有相变的热载体（$\alpha_{相变} \gg \alpha_{无相变}$）增加 α 值，可使 K 值增加。

② 用 λ 较大的热载体，可使 K 值增加。

③ 在强度允许范围内，减小管壁厚度 b，使管壁导热热阻减小。

④ 换热器定期清洗，减小管壁两侧的污垢热阻。

⑤ 当两流体的 α 值相差较大时，设法提高较小一侧流体的 α 值。

还可采取提高流体的流速、增加流体的扰动、在流体中加固体颗粒、改用短管换热器、定期清洗等具体措施。

传热过程强化只单纯追求 A、Δt_{m} 及 K 值的提高是不行的，因为所采取的强化措施往往使流动阻力增大，其他方面的消耗或要求增高。因此，在采取强化措施的时候，要对设备结构、制造费用、动力消耗、运行维修等予以全面考虑，采取经济而合理的强化方法。

五、换热器

在炼油厂和石油化工厂，几乎所有的工艺过程都有加热、冷却或冷凝过程。这些过程统称为传热过程，所用设备除加热炉外统称为冷换设备(一般习惯称作换热设备或换热器)。因此，在炼油厂和化工厂中换热设备是重要的工艺设备。同时，也可将它看成是重要的节能设备。据统计，在各种石油化工厂中，换热设备约占总工艺设备投资的 30%~40%，而炼油厂中换热设备约占总工艺设备投资的 40%~50%，换热设备台数占工艺设备总台数的 25%~70%，重量占工艺设备总重量的 25%~50%，检修工作量有时可达总检修量的 60%~70%。

根据换热器的用途可分为：加热器、冷却器、冷凝器、蒸发器、分凝器和再沸器等。换热器的各种功用见表 1-1。

根据换热器所用材料可分为：金属材料换热器、非金属材料换热器。

表 1-1　换热器的各种功用

名　称	用　途	更具体分类
冷却器	用水或其他冷却介质冷却液体或气体	空冷器：用空气冷却或冷凝工艺介质
		低温冷却器：用低温的致冷剂，如冷盐水、氨、氟里昂等作为冷却介质
冷凝器	冷凝蒸气或混合蒸气	部分冷凝器：蒸气经过时仅冷凝其中一部分，其余部分则通往另一设备进一步处理
		冷凝冷却器：全部冷凝为液体后又进一步冷却为过冷的液体
		冷却冷凝器：在冷凝之前，还经过一段冷却阶段
加热器	用蒸汽或其他高温载热体来加热工艺介质，以提高其温度	
换热器	两个不同工艺介质之间进行显热交换，冷流体被加热的同时，热流体被冷却	
再沸器	用蒸汽或其他高温介质将蒸馏塔底的物料加热至沸腾，以提供蒸馏时所需的热量	热虹吸式再沸器：依靠流体在系统中的密度差而产生自然循环
		强制循环式再沸器：利用泵来迫使液体进行循环
蒸气发生器	用燃料油或燃料气燃烧加热产生蒸气	蒸汽发生器(锅炉)：如果被加热汽化的是水
		汽化器：被加热的是其他液体
过热器	将水蒸气或其他蒸气加热到饱和温度以上	
废热(或余热)锅炉	利用生产过程中的废热或余热来产生蒸汽	

根据换热器的传热原理可分为：混合式换热器、蓄热式换热器、间壁式换热器。在三类换热器中，间壁式换热器应用最多。根据换热面的形式，间壁式换热器主要有管式、板式和翅片式三种类型。

列管式换热器是化工生产中应用最广泛、最典型的间壁式换热器，主要由壳体、管束、管板、折流挡板和封头等组成。管内流动的流体称管程流体，管外流动的流体称壳程流体。管束的壁面为传热面。

列管式换热器主要有固定管板式、U 形管式、浮头式几种形式。

固定管板式换热器的两端管板和壳体制成一体，当两流体的温度差较大时，在外壳的适当位置上焊上一个补偿圈(或膨胀节)。当壳体和管束热膨胀不同时，补偿圈发生缓慢的弹性变形来补偿因温差应力引起的热膨胀。

特点：结构简单，造价低廉，壳程清洗和检修困难，壳程必须是洁净不易结垢的物料。

具有补偿圈的固定管板式换热器如图 1-21 所示。

U 形管式换热器每根管子均弯成 U 形，流体进、出口分别安装在同一端的两侧，封头内用隔板分成两室，每根管子可自由伸缩，来解决热补偿问题，见图 1-22 所示。

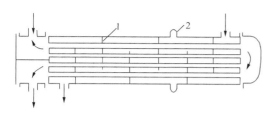 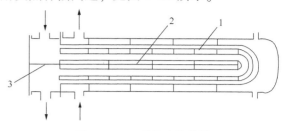

图 1-21 具有补偿圈的固定管板式换热　　　　图 1-22 U 形管式换热器
1—挡板；2—补偿圈器　　　　　　　　　　1—U 形管；2—壳程挡板；3—管程挡板

特点：结构简单，质量轻，适用于高温和高压的场合。管程清洗困难，管程流体必须是洁净和不易结垢的物料。

浮头式换热器的结构形式如图 1-23 所示。换热器两端的管板，一端不与壳体相连，该端称浮头。管子受热时，管束连同浮头可以沿轴向自由伸缩，完全消除了温差应力。

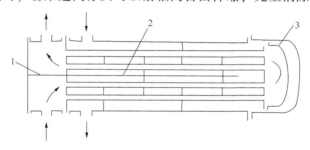

图 1-23 浮头式换热器
1—管程隔板；2—壳程隔板；3—浮头

特点：结构复杂、造价高，便于清洗和检修，完全消除温差应力，应用普遍。

六、加热炉

从广义上说，工业炉也是一种传热设备。通常是指用燃料燃烧的方法将工艺介质加热到相当高的温度，其传热方式主要是靠辐射传热，而工艺介质在受热过程中往往伴随着化学反应，如转化、裂解等。因此，工业炉中的传热过程往往比较复杂。在化工和炼油以及石油化工生产中，工业炉的应用也很广泛。如炼油厂的管式加热炉，以及生产各种烯烃的裂解炉等均为常见的化工和炼油厂中的工业炉。加热炉的类型相当多，炉型的结构设计，操作时的传热问题也是较为复杂的。随着装置的大型化和节能技术的迅速发展，工业炉的热负荷和热效率近年来均有很大的提高。

管式加热炉根据结构形式的不同，通常有列管式加热炉、蛇管式加热炉、盘管式加热炉、立管式加热炉等。下面以应用较广的管式加热炉为例，介绍加热炉的结构。

管式加热炉（或称管式炉）是加热炉的一种，一般由四个部分组成，即辐射室（炉膛）、对流室、烟囱和燃烧设备（火嘴），见图 1-24 所示。

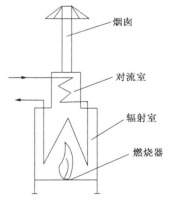

烟囱
对流室
辐射室
燃烧器

图 1-24 管式加热炉结构

辐射室又称炉膛。从燃烧器喷出的燃料在辐射室内燃烧，由于火焰温度很高（可达1500~1800℃），因此不能让火焰直接冲刷炉管，热量主要以辐射方式传送。加热炉负荷的70%左右在辐射室内传递。

离开辐射室的烟气温度多控制在700~900℃左右。这么高温的烟气还有很大热量应该利用，所以往往要设置对流室。对流室内，高温烟气以对流方式将热量传给对流管内的流动油品。对流室比辐射室小，但较窄较高。有时在对流室内可以加几排蒸汽管或热水管，提供生产或生活上所需的蒸汽或热水。为了提高传热效果，可将对流管做成钉头管或翅片管。另外，对流管内油品与管外烟气的流动方向应相反，以提高烟气与油品的温差，从而提高传热效果。

烟囱的作用是提高抽力，将烟气排入大气中。烟囱可以布置在炉顶或炉体旁，可以单独使用或共同使用一个烟囱。一般烟气离开对流室的温度为300~400℃，可以用空气预热器来回收其中一部分热量，使烟气温度降低到200℃左右，再进入烟囱排走，以提高加热炉的热效率。烟气的排出一般依靠自然通风，即利用烟囱内高温烟气的密度比烟囱外空气轻而产生的抽力，将烟气排入大气。烟囱越高，抽力越大。烟道内加一块调节挡板，称为烟道挡板，通过调节挡板的开度，可控制抽力的大小，从而保证辐射室内最合适的负压，使火焰不致于外排，保证安全操作。

加热炉的燃烧器俗称火嘴。在加热炉中，火嘴是主要的一种部件。加热炉的火嘴种类很多，输油用加热炉的火嘴通常在辐射室的侧壁、底部或顶部，供给燃烧所用的燃料和空气。

第三节　传质及传质设备

一、概述

（一）传质在化工生产过程中的应用

化工生产中经常要处理由若干组分所组成的混合物，其中大部分是均相物系，为了满足储存、运输、加工和使用的要求，时常需要将这些混合物分离成为较纯净或几乎纯态的物质或组分。

均相物系中，各组分均匀混合在一起，没有清晰的分界面，无法分开，必须要造成一个两相物系，才有可能将均相混合物分离。

根据物系中不同组分间某种物性（如挥发度或溶解度）的差异，可以使其中某个组分或某些组分从一相向另一相转移，以达到分离的目的。通常将物质在相间的转移过程称为传质过程。

在近代化学工业的发展过程中，传质过程起了特别重要的作用。例如，经传质分离制得纯净的氮、氢混合气，使合成氨的工业生产成为可能；将原油分离制得各种燃料油、润滑油和石油化工原料，后者是石油化工的基础；同样，没有分离提纯制得高纯度的乙烯、丙烯、丁二烯、氯乙烯等单体，就不可能生产出各种合成树脂、合成橡胶和合成纤维。几乎没有一个化工生产过程是不需要对原料或反应产物进行分离和提纯的。作为传质分离装置的高耸塔群是化工厂最醒目的标志。

（二）传质的基本方式

化学工业中，涉及相际传质的单元操作较多，常见的有：

1. 气-液系统

吸收：混合气体中可溶组分（溶质）由气相传递到液相溶剂中的过程，溶质在溶剂中的溶解平衡是吸收过程的极限。如用水吸收空气和氨混合物中的氨。

解吸（脱吸）：为吸收的逆过程。如用空气与氨水接触，氨散发到空气中。

蒸馏：不同物质在气液两相间的相互转移，气液平衡是蒸馏过程的极限。如乙醇水溶液与其蒸气相接触，易挥发组分乙醇向气相转移，难挥发组分水向液相转移。

气体的增（减）湿：湿分由液相（气相）向气相（液相）转移。

2. 液-液系统

抽提（即液-液萃取）：溶质由一液相转入另一液相。这是在液体混合物中加入另一不相溶的液相物质，使原混合物组分在两液相中重新分配的过程，液-液平衡是抽提过程的极限。例如，用溶剂将裂解汽油或重整汽油中的芳烃抽出，使石油芳烃由油相转移到溶剂相。

3. 液-固系统

结晶：溶质由液相趋附于溶质晶体的表面，转为固相，使晶体长大。包括在溶液中加入热量，使液体溶剂汽化，溶质达到饱和而析出晶体以及采用使溶液降温析出晶体的过程。

固液萃取（简称浸沥或浸取）：溶质由固相转入液相。由于固体混合物一般是多相系，故浸沥常属多相系的分离。例如从植物中浸沥中药有效成分。

4. 气-固系统

干燥：加入热量使液体汽化，从固体的表面或内部转入气相。例如，用热风除去固体产品中多余的水分。

吸附：物质由气相趋附于固体表面（主要是多孔性固体的内表面），吸附平衡是过程进行的极限。例如，用活性炭回收气体混合物中某些组分。

由于篇幅所限，本部分仅介绍化学工业中常见的蒸馏、吸收单元操作。

二、蒸馏

在各种传质过程中，蒸馏是最重要和最基本的操作之一。蒸馏是利用物系在发生相变过程中组分间挥发性的差异，将液体混合物中各组分分离的操作。蒸馏所得的产物，可以是纯的单独组分，也可以是具有一定沸点范围的馏分。

蒸馏广泛地应用于石油炼制（如常减压蒸馏）、石油化工（如各种烃类及其衍生物的分离）、炼焦化工（如焦油分离）、基本有机合成、精细有机合成、高聚物工业等生产中。

1. 气液相平衡

液体本身具有汽化成气体的能力，即挥发能力，不同物质挥发能力的大小与其沸点有关，同样的压力下，低沸点物质易挥发，高沸点物质难挥发。而气体本身具有液化成液体的能力，即冷凝，同样的压力下，高沸点物质易冷凝，低沸点物质不易冷凝。

如果让沸点不同的混合液体部分汽化时，气相中所含的易挥发组分（又称轻组分）将比液相中多，能使原来的混合物得到一定程度的分离；同样，混合气体部分冷凝时，冷凝液中所含的难挥发组分（又称重组分）将比气相中多，也能使原来的混合物得到一定程度的分离。

在一封闭容器中放入苯和甲苯的混合溶液，如图 1-25 所示。在一定条件下，液相中的苯和甲苯均有部分分子从界面逸出进入液面上方气相空间，而气相也有部分分子返回液面进入液相内。经长时间接触，当每个组分的分子从液相逸出与气相返回的速度相同，该过程的气、液两相就达到了相平衡。

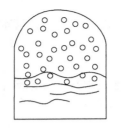

图 1-25　气液相平衡示意图

气液相平衡时，溶液上方的蒸气压力（系统的总压）、温度及各组分在气液两相中组成的关系是衡定的。

（1）平衡相图

在恒定的总压下，溶液的平衡温度随组成而变，将平衡温度与液（气）相的组成关系标绘成曲线图，该曲线图即为温度–组成图或 $t-x-y$ 图。

如图 1-26 所示，设原始混合物的组成为 x，加热到 T_3 时系统的温度和组成处于 o 点，此时气液两相的组成分别为 y_3 和 x_3。如果把组成为 y_3 的气相冷却到 T_2，则部分气体将冷凝为液体，得到组成为 x_2 的液相和组成为 y_2 的气相。再将这部分组成为 y_2 的气相冷却到 T_1，则此气相又部分地冷凝为组成为 x_1 的液相，同时得到组成为 y_1 的气相。依此类推，最后所得到的蒸气组成可为纯物质 B。

把组成为 x_3 的液相加热到 T_4，此液相部分地汽化，此时，气液的成分分别为 y_4 和 x_4。把组成为 x_4 的液相再部分地汽化，则得到组成为 y_5 的气相和组成为 x_5 的液相。最后得到纯物质 A。这样，通过多次部分汽化和部分冷凝，使气相组成沿气相线下降，最后得到纯物质 B，液相组成沿液相线上升，最后剩余的是纯物质 A。

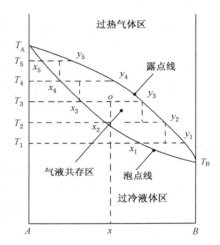

图 1-26　二组分混合液的沸点组成图

如果按上述多次部分汽化和多次部分冷凝的方法分离液体混合物，在工业生产中存在不少实际困难，如纯产品收率很低，设备庞杂，能耗大等。实际工业精馏过程亦是基于多次部分汽化和多次部分冷凝的原理，但它是利用回流将多次部分汽化和多次部分冷凝合并于同一塔中进行的，因此，精馏操作过程既是传质过程，也是传热过程。

（2）平衡相图分析

一定组成的液体，在恒压加热的过程中，出现第一个气泡时的温度，也就是一定组成的液体在一定压力下与蒸气达到气液平衡时的温度称为泡点。在恒压冷却一定组成蒸气的过程中，凝结出第一个液滴时的温度，也就是在一定压力下，一定组成的蒸气与液体达到气液平衡时的温度称为露点。对于纯物质来说，泡点、露点相等，又等于该物质的沸点或凝点。而对于混合物，泡点总是低于露点，图 1-26 中下面一条线（$t-x$ 线）即是由恒压下组成不同的二组分混合液的泡点连接而成，称为泡点线，又称饱和液相线。上面一条线（$t-y$ 线）即是由恒压下组成不同的二组分混合气体的露点连接而成，称为露点线，又称饱和气相线。露点线以上的区域称为过热气体区，泡点线以下的区域称为过冷液体区，两条线之间的区域是气液共存区。

利用混合物中各组分挥发度的不同（或沸点的不同），通过加入热量或取出热量的方法，使混合物形成气、液两相系统，并让它们相互接触进行热量、质量传递，使易挥发组分在气相中增浓，难挥发组分在液相中增浓，从而实现混合物分离的过程称为蒸馏。

如果用蒸馏的方式分离两组分的液体混合物，必须加热使其部分汽化到气液共存区，如果用蒸馏的方式分离两组分的气体混合物，必须冷却使其部分冷凝到气液共存区。

蒸馏分离的依据是混合物中各组分的挥发性差异。

分离的条件是必须造成气液两相系统。

2. 蒸馏的分类

蒸馏按蒸馏方式可分为简单蒸馏、平衡蒸馏、精馏及特殊精馏等。对一般较易分离的物系或对分离要求不高时，可采用简单蒸馏或闪蒸，较难分离的可采用精馏，很难分离的或用普通精馏不能分离的可采用特殊精馏。工业中以精馏的应用最为广泛。

按操作方式可分为间歇蒸馏和连续蒸馏。

按物系中组分的数目可分为两组分蒸馏和多组分蒸馏。

按操作压强可分为常压蒸馏、减压蒸馏和加压蒸馏。

本章重点讨论常压下两组分连续精馏。

（1）简单蒸馏

简单蒸馏：混合液在蒸馏釜中逐渐受热汽化，并不断将产生的蒸气引入冷凝器内冷凝，以达到混合液中各组分部分分离的方法。

简单蒸馏又称微分蒸馏，也是一种单级蒸馏过程。简单蒸馏装置如图 1-27 所示。

将一批原料液加入蒸馏釜中，在恒压下加热至沸腾，使液体不断汽化，产生的蒸气冷凝后为顶部产物，其中易挥发组分较为富集。

简单蒸馏是较早的一种蒸馏方式。简单蒸馏过程中，随着液体的逐渐蒸发，釜液中易挥发组分含量不断降低，温度也相应升高，与之相平衡的气相中轻组分浓度也随之降低，因此简单蒸馏是一个不稳定的过程，产品罐中收集到的液体浓度是一个时间段内的平均值。简单蒸馏分离程度不高，仅适用于相对挥发度大而分离要求不高的场合，故常作为初加工。

（2）平衡蒸馏

平衡蒸馏又称闪急蒸馏，简称闪蒸（如图 1-28 所示），被分离的混合液先经加热器加热，使之温度高于分离器压力下料液的泡点，然后通过减压阀使之压力降低至规定值后进入分离器。过热的液体混合物在分离器中部分汽化，将平衡的气、液两相分别从分离器的顶部、底部引出，即实现了混合液的初步分离。

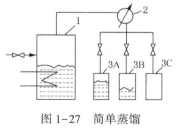

图 1-27　简单蒸馏

1—蒸馏釜；2—冷凝器；3—回收罐

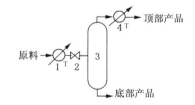

图 1-28　平衡蒸馏

1—加热器；2—节流阀；3—分离器；4—冷凝器

平衡蒸馏只经过一次平衡，其分离能力有限，工业上多用来对组分间沸点相差较大的液体混合物进行初分，如石油炼制和石油裂解过程中的粗分等。

（3）精馏原理和精馏塔组成

简单蒸馏和平衡蒸馏只能使混合物达到有限程度的分离，而生产中常需要得到高纯度的物质，因此为实现组分间的高纯度分离应采用其他蒸馏方式，这就是精馏。

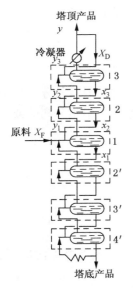

塔顶产品
y

冷凝器 X_D
y_3

3

y_2 x_3

2

原料 X_F y_1 x_2

1

x_1

2′

3′

4′

塔底产品

图 1-29   精馏塔模型

① 精馏原理：由图 1-26 分析出理论上多次部分汽化在液相中可获得高纯度的难挥发组分，多次部分冷凝在气相中可获得高纯度的易挥发组分。精馏即是将挥发度不同的组分所组成的混合液在精馏塔内经过多次部分汽化和部分冷凝，使其分离成几乎纯态组分的过程。

图 1-29 所示的是精馏塔的模型，目前工业上使用的精馏塔是它的体现。操作时，由塔顶可得到较纯的易挥发组分的产品。塔中各级的易挥发组分浓度由上至下逐级降低，当某级的浓度与原料液的浓度相同或相近时，原料液就由此级引入，即为精馏塔的进料板（加料板）。

② 精馏塔组成：精馏塔以加料板为界分为两段，即精馏段和提馏段，通常将原料液进入的那层塔板称为加料板，加料板以上的塔段（不包括加料板）称为精馏段，加料板以下的塔段（包括加料板）称为提馏段。精馏段的任务是使进塔的气相在上升过程中不断发生部分冷凝，将重组分不断分出，从而在塔顶得到符合分离要求的轻组分。提馏段的任务是使进塔的液相在下降过程中不断发生部分汽化，将轻组分不断分出，从而在塔底得到符合分离要求的重组分。

根据精馏原理可知，单有精馏塔不能完成精馏操作，还必须同时有塔底再沸器和塔顶冷凝器，有时还要配有原料液预热器、回流液泵等附属设备，才能实现整个操作。即塔底再沸器和塔顶冷凝器是精馏的必要条件，再沸器的作用是提供一定量的上升蒸气流，冷凝器的作用是获得液相产品及保证有适宜的液相回流，因而使精馏能连续稳定地进行。典型的精馏塔如图 1-30 所示，原料液经预热器加热到指定的温度后，送入精馏塔的进料板，在进料板上与自塔上部下降的回流液体汇合后，逐板溢流，最后流入塔底再沸器中。在每层塔板上，回流液体与上升蒸气互相接触，进行热量和物质的传递过程。操作时，连续地从再沸器取出部分液体作为塔底产品（釜残液），并使部分液体汽化，产生上升蒸气，依次通过各层塔板。塔顶蒸气进入冷凝器中被全部冷凝，并将部分冷凝液用泵送回塔顶作为回流液体，其余部分经冷却器冷却后被送出作为塔顶产品（馏出液）。

应当指出，有时在塔底安装蛇管以代替图 1-30 中的再沸器，塔顶回流液也可利用重力作用直接流入塔内而省去回流液泵。

综上所述，要使精馏顺利进行必须有四个必要条件：第一，被分离的组分要有相对挥发度，即沸点差大或饱和蒸气压相差较大，这是精馏进行的前提；第二，塔顶要有冷凝器将塔顶轻组分冷凝后打液相回流，否则精馏段将干板，上升的气相不能进行多次的部分冷凝过程，轻组分浓度无法提浓；第三，塔底要有再沸器将塔底重组分汽化后作为气相回流，否则提馏段无上升的气相，液相重组分不

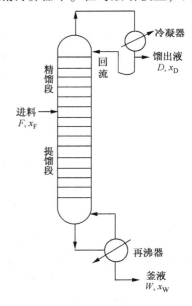

冷凝器

精馏段

回流

馏出液
D, x_D

进料
F, x_F

提馏段

再沸器

釜液
W, x_W

图 1-30   精馏塔组成

能进行多次的部分汽化过程，重组分浓度无法提浓；第四，要给上升的气相和下降的液相提供接触的场所，可以是塔板也可以是填料，让它们充分接触进行传热、传质过程。

③ 多组分精馏基本概念：将三个或三个以上组分混合物的精馏称之为多组分的精馏。多组分精馏原理与双组分精馏完全相同。双组分精馏许多概念处理方法也可用于多组分精馏中。分离双组分只有一个方案，采用一个塔，而分离含 n 个组分的多元混合物则有多个分离流程方案或分离序列。每个序列需要 $(n-1)$ 个塔。由于每个分离序列对混合物分割点不同，则各塔的处理量和操作条件均不同，导致生产成本不同，故分离序列存在优选的问题。四个组分混合物精馏分离序列如图 1-31 所示。

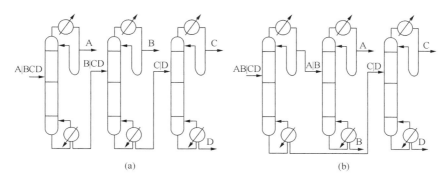

图 1-31　多组分分离序列

按挥发能力递减排序，依次从塔顶分离出 A、B、C 组分，称之为顺序流程，或直接序列。其特点是各组分在分离过程汽化次数最少，故分离能耗较小。如果 C 组分有毒且腐蚀性较强，则 b 方案较好，将 C 较早分离出来可减小系统的污染和腐蚀。分离序列选择是精馏过程系统优化综合问题，可参考化工过程系统工程等相关著作，在此从略。

三、气体吸收

（一）气体吸收过程的原理和工业应用

1. 吸收原理

吸收是将气体混合物与适当的液体接触，气体中一种或多种组分溶解于液体中，不能溶解的组分仍保留在气相中，从而利用各组分在液体中溶解度的差异使气体中不同组分分离的操作。如图 1-32，混合气体中能够溶解于液体中的组分称为吸收质或溶质，以 A 表示；不能溶解的组分称为惰性气体，以 B 表示；吸收操作所用的溶剂称为吸收剂，以 S 表示；溶有溶质的溶液称为吸收液，其成分为吸收剂 S 和溶质 A；排出的气体称为吸收尾气，其主要成分应是惰性组分 B 和未吸收的组分 A。

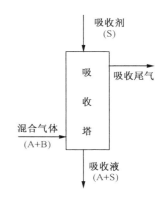

图 1-32　吸收操作示意图

2. 吸收操作在化工生产中的应用

① 分离混合气体以获得一定的组分。例如，用硫酸处理焦炉气以回收其中的氨，用洗油处理焦炉气以回收其中的芳烃，用液态烃处理裂解气以回收其中的乙烯、丙烯等。

② 除去有害组分以净化气体。例如，用水和碱液脱除合成甲醇原料气中的二氧化碳，用丙酮脱除裂解气中的乙炔等。

③ 制备某种气体的溶液。例如，用水吸收氯化氢以制备盐酸，用水吸收甲醛以制备福尔马林溶液等。

④ 保护环境。例如，电厂的锅炉尾气含二氧化硫；硝酸生产尾气含一氧化氮等有害气体，均须用吸收方法除去。

（二）吸收过程的分类

吸收过程可按多种方法分类。

1. 按过程有无化学反应分类

（1）物理吸收

在吸收过程中，如果溶质与溶剂之间不发生明显的化学反应，可看作是气体中可溶组分单纯溶解于液相的物理过程，称为物理吸收。用水吸收二氧化碳、用洗油吸收芳烃、用多乙二醇醚吸收天然气中的酸性气体等过程都属于物理吸收。

（2）化学吸收

如果溶质与溶剂发生显著的化学反应则称为化学吸收。用硫酸吸收氨、用碱液吸收二氧化碳、用醇胺溶液吸收天然气中的酸性气体等过程均为化学吸收。

2. 按被吸收的组分数目分类

（1）单组分吸收

混合气体中只有一个组分进入液相，其余组分不溶解于溶剂中，称为单组分吸收。例如，合成气中含有 N_2、H_2、CO、CO_2 等组分，而只有 CO_2 一个组分在高压水中有较为明显的溶解度，这种吸收过程属于单组分吸收过程。

（2）多组分吸收

用洗油处理焦炉气时，气相中的苯、甲苯、二甲苯等几个组分都可明显地溶解于洗油中，这种吸收过程属于多组分吸收。

3. 按吸收过程有无温度变化分类

（1）非等温吸收

气体溶解于液体时常伴随着热效应，若进行化学吸收还会有反应热，从而引起液相温度升高，这样的吸收过程称为非等温吸收。

（2）等温吸收

被吸收组分在气相中浓度很低而吸收剂的用量又很大时，热效应很小，几乎觉察不到液相温度的升高，则可视作等温吸收。

4. 按溶质在气、液两相中浓度分类

（1）低浓度吸收

溶质在气、液两相中浓度均不太高的吸收过程，即为低浓度吸收过程。

（2）高浓度吸收

若溶质在气、液两相浓度都必较高，则称为高浓度吸收。

5. 膜基气体吸收

随着膜分离技术应用领域的扩大，绝大多数气体的吸收和脱吸都可采用微孔膜来进行操作。目前，在生物医学、生物化工及化工生产中利用膜基气体吸收和脱吸取得了良好的效果。

（三）吸收剂的选择

选择性能优良的吸收剂是吸收过程的关键，选择吸收剂时一般应考虑如下因素：

① 溶剂应对被分离组分有较大的溶解度，以减少吸收剂用量，从而降低回收溶剂的能量消耗；

② 吸收剂应有较高的选择性，即对于溶质 A 能选择性溶解，而对其余组分则基本不吸收或吸收很少；

③ 吸收后的溶剂易于再生；

④ 溶剂的蒸气压要低，以减少吸收过程中溶剂的挥发损失；

⑤ 溶剂应有较低的黏度、较高的化学稳定性；

⑥ 溶剂应尽可能价廉易得、无毒、不易燃、腐蚀性小。

（四）工业吸收过程

工业上吸收过程常在吸收塔中进行。生产中除少部分直接获得液体产品的吸收操作外，一般的吸收过程都要求对吸收后的溶剂进行再生，即在另一称之为解吸塔的设备中进行与吸收相反的操作——解吸。因此，一个完整的吸收分离过程一般包括吸收和解吸两部分。吸收仅起到把溶质从混合气体中分出的作用，得到的溶液是由溶剂和溶质组成的混合液，此液相混合物还需进行解吸才能得到纯溶质并回收溶剂。

使溶解于液相中的气体释放出来的操作称为解吸（或称脱吸）。

化工生产中常见的解吸方法有以下几种：

① 通入惰性气体（汽提法）。

② 通入直接水蒸气（汽提或提馏）。水蒸气既作为惰性气体，又作为加热介质。解吸塔顶设有冷凝器，将水蒸气冷凝。若溶质也为可凝性蒸气，且其冷凝液与水不相互溶，就可得到相当纯的液体溶质。该法的缺点是能耗高，当溶质溶于水则需应用精馏法分离。

③ 降低压力。对于加压吸收所得的溶液，当减至常压时，溶质气体将迅速自动放出，这种现象亦称为闪蒸。闪蒸并不需要另耗能量，释放出的溶质气体也可以达到较高的浓度，但原来的吸收必须在加压下进行。此外，脱吸不够完全，故常需继以真空脱吸以使常压溶液再次在真空容器中闪蒸或气提等方法。

图 1-33 为焦炉煤气生产过程中的吸收过程，煤气经降温后进入吸收塔内，用洗油吸收煤气中的粗苯（主要组成：苯、甲苯、二甲苯以及环戊二烯等低沸点的碳氢化合物和苯乙烯、萘等高沸点的物质），与此同时有机硫化物也被除去了。吸收了粗苯的富吸收油离开吸收塔经加热进入解吸塔，塔底通入过热蒸汽再将粗苯成分解吸出来，经塔顶的冷却设备冷却后进入油水分离器分理出粗苯和水。

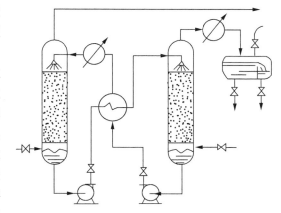

图 1-33　吸收-解吸流程图

四、传质设备

气液传质设备的基本功能是形成气液两相充分接触的相界面，使传质、传热快速有效地进行，传质后的气、液两相能及时分开，互不夹带等。

气液传质设备按内部构件的不同分为板式塔和填料塔两种。如图 1-34、图 1-35 所示。

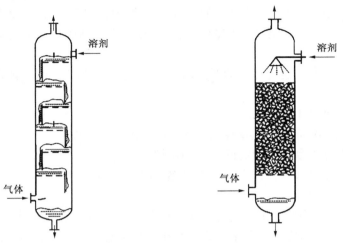

图 1-34　板式塔结构示意图　　　　图 1-35　填料塔结构示意图

1. 板式塔

板式塔是一种应用极为广泛的气液传质设备，它由一个通常呈圆柱形的壳体及其中按一定间距水平设置的若干塔板所组成。板式塔正常工作时，液体在重力作用下自上而下通过各层塔板后由塔底排出；气体在压差推动下，经均布在塔板上的开孔由下而上穿过各层塔板后由塔顶排出，在每块塔板上皆储有一定的液体，气体穿过板上液层时，两相接触进行传质。

板式塔的主要构件是塔板，以筛孔塔板为例，塔板的主要构造包括如下部分：

塔板上的气体通道——筛孔（各种塔板的主要区别就在于气体通道的形式不同）。

溢流堰——塔板上的液层高度或滞液量在很大程度上由堰高决定。

降液管——液体自上层塔板流至下层塔板的通道。

受液区——接收上层塔板降液管流下来的液体。

筛孔塔板的正视图、俯视图见图 1-36 所示。

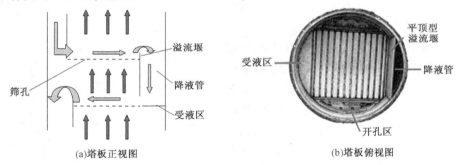

(a)塔板正视图　　　　　　　　　(b)塔板俯视图

图 1-36　塔板结构图

根据气液操作状态塔板可分为鼓泡式塔板及喷射式塔板，泡帽、浮阀、筛板等塔板属于鼓泡式塔板，舌形、网孔等塔板属于喷射式塔板。

2. 填料塔

填料塔是以塔内的填料作为气液两相间接触构件的传质设备。填料塔的塔身是一直立式圆筒，底部装有填料支承板，填料以乱堆或整砌的方式放置在支承板上。填料的上方安装填料压板，以防被上升气流吹动。液体从塔顶经液体分布器喷淋到填料上，沿填料表面流下，并与在压强差推动下穿过填料空隙的气体相互接触，发生传热和传质。

根据结构特点填料分为乱堆填料（鲍尔环、阶梯环、环矩鞍等颗粒填料）及规则填料（网波纹填料、板波纹填料、格栅填料）。

复习思考题

1. 某设备上真空表的读数是 13.3kPa，试计算设备内的绝对压力与表压。已知该地区的大气压力为 98.7133kPa。

2. 用压缩空气将密度为 1513kg/m³ 的硝酸从密闭容器中送至高位槽，要求每批的压送量为 0.5m³，10min 压完，管路能量损失为 15J/kg，管内径为 25mm，求压缩空气的压力为多少 Pa（表压）（计算时密闭容器中近似以最终液面为准）？

3. 用泵将储槽 1 中密度为 200kg/m³ 的液体送到蒸发器 3 内，储槽液面维持不变，其上方压强为大气压。蒸发器上部蒸发室内操作压强为 26.6kPa（200mmHg）（真空度）。蒸发器进料口高于槽内液面 15m，输送管道的直径为 ϕ68mm×4mm。送料量为 20m³/h，液体流经全部管道的能量损失为 120J/kg（不包括出口能量损失），求泵的有效功率。

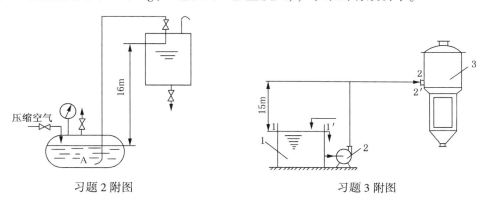

习题 2 附图　　　　　　　　　　　习题 3 附图

4. 某炉壁由耐火砖砌成，其厚度为 250mm；炉膛中燃烧稳定后测得内壁温度为 800℃，外壁温度为 120℃，耐火砖的 $\lambda = 0.9$W/(m·K)，求单位面积炉壁的散热速率。

5. 某蒸汽管道（钢管）其导热系数 $\lambda = 45$W/(m·K)，管径为 ϕ144mm×4mm，管内壁温度为 110℃，管外壁温度为 80℃，求每米管线的散热速率。

6. 为保证原油管道的输送，在管外设置蒸汽夹套。对一段管路来说，设原油的给热系数为 420W/(m²·K)，水蒸气冷凝给热系数为 10⁴W/(m²·K)。管子规格为 ϕ35mm×2mm 钢管，普通碳钢的导热系数为 46.4W/(m·K)，试分别计算 K_i 和 K_o。

7. 某列管换热器，用饱和水蒸气加热某溶液，溶液在管内呈湍流。已知蒸汽冷凝给热系数为 10⁴W/(m²·K)，单管程溶液给热系数为 400W/(m²·K)，管壁导热及污垢热阻忽略不计，试求传热系数。

8. 在列管换热器中，用热水加热冷水，热水流量为 4.5×10³kg/h，温度从 95℃冷却到 55℃，冷水温度从 20℃升到 50℃，总传热系数为 2.8kW/(m²·K)。试求：①冷水流量；②两种流体作逆流时的平均温度差和所需要的换热面积；③两种流体作并流时的平均温度差和所需要的换热面积；④根据计算结果，对逆流和并流换热作一比较，可得到哪些结论。

9. 什么叫传质过程？化学工业中常见的传质单元操作有哪些？

10. 结合两组分溶液的沸点组成图说明精馏的原理。

11. 什么是蒸馏？蒸馏过程的极限是什么？蒸馏操作有何特点？

12. 蒸馏操作按蒸馏方式可分为哪些类？画图说明各类蒸馏方式的原理。

13. 什么是精馏？精馏的必要条件是什么？

14. 什么是吸收？吸收操作在化工生产中有哪些应用？

15. 吸收过程有哪些分类？如何选择吸收剂？

16. 完整的吸收分离过程包括哪些部分？各部分的作用是什么？

17. 化工生产中常见的解吸方法有哪些？

18. 气液传质设备的基本功能是什么？按内部构件的不同可分为哪几种形式？

19. 列举各种常见的塔板形式。

20. 填料有哪些类型？填料塔的塔内件有哪些部分？

第二章 石油化工的原料加工

我们在绪论中已向大家介绍，石油化工是以石油、天然气为原料，经过多次化学加工而生产各种有机化学品及合成材料的原材料工业。所以石油化工的原料加工包括天然气加工和原油加工。

天然气加工包括天然气脱硫、脱二氧化碳、脱水及烷烃分离，分离所得碳二（C_2）以上的烷烃可作为裂解制乙烯、丙烯的原料，其中碳四烷烃尚可作为脱氢制丁烯、丁二烯或异丁烯的原料。

原油加工包括常减压蒸馏、催化重整、催化裂化、加氢裂化、焦化等加工手段。原料加工除生产燃料油和润滑油等相关的炼油产品外，尚可提供大量石油化工原料。例如，炼厂气（其中含低级烷烃）、石脑油、柴油、加氢裂化尾油等都是乙烯生产的良好原料，催化重整油则是芳烃生产的主要原料。

第一节 天然气加工过程

煤、石油和天然气是当今世界一次能源的三大支柱。随着经济的发展，世界能源结构正在改变，由以煤为主改变为以石油、天然气为主。天然气是一种高效、清洁、使用方便的优质能源，也是重要的化工原料。具有明显的社会效益、环境效益和经济效益。天然气的用途越来越广，需求不断增加。

天然气系古生物遗骸长期沉积地下约 3000~4000m 的孔隙岩层中，经慢慢转化及变质裂解而产生的气态碳氢化合物，主要成分为甲烷，比空气轻，相对密度约 0.65~0.75，可燃、无色、无味、无毒。天然气公司因遵照政府规定添加臭剂，以资用户嗅辨，所以市售天然气一般有味。

根据天然气的组成可将天然气分为干气和湿气。干气主要成分是甲烷，其次还有少量的乙烷、丙烷和丁烷及更重的烃，也会有 CO_2、N_2、H_2S 和 NH_3 等。对它稍加压缩不会有液体产生，故称为干气；湿气除甲烷和乙烷等低碳烷烃外，还含有少量轻汽油，对它稍加压缩就有凝析油析出，故称为湿气。

干气是生产合成氨和甲醇的重要化工原料。湿气中 C_2 馏分以上烃类含量高，这些烃类都是热裂解制低级烯烃的优质原料。

一、天然气脱酸性气体

在天然气中常含有 H_2S、CO_2 和有机硫化物，这三者又通称为酸性组分（或酸性气体）。这些气相杂质的存在会造成金属材料腐蚀，并污染环境。当天然气作为化工原料时，它们还会导致催化剂中毒，影响产品质量；而 CO_2 含量过高则使气体的热值达不到要求，并且在天然气冷冻分离时会形成干冰，堵塞管道和设备，甚至酿成严重的生产事故。

天然气脱酸性气体的目的是按不同用途把气体中的上述杂质组分脱除到要求的规格。如管输天然气中 H_2S 含量一般低于 $20mg/m^3$，而合成氨或合成甲醇原料气中的硫含量则要求 $1mg/m^3$ 以下。

天然气脱除酸性组分主要以脱硫为主，并且在脱硫时可将二氧化碳脱除。天然气脱除酸性组分的方法很多，根据脱硫剂的形态可分为干法和湿法。干法以固体作脱硫剂，硫脱除率高，但再生困难，而且硫容量(单位体积或单位质量溶剂可吸收的硫的质量)低，因此应用较少。湿法以溶液作脱硫剂。按照脱硫脱碳过程本质又可分为化学吸收法、物理吸收法、物理化学吸收法以及氧化还原法、膜分离法等。

醇胺法脱硫工艺从20世纪30年代问世以来，得到了广泛的应用。虽然其他的脱硫工艺在某些特定的工况条件下也会被采用，但醇胺法迄今仍处于主导地位。特别是对于需要通过后续的克劳斯装置大量回收硫黄的天然气净化装置，使用醇胺法被认为是最有效的工艺。

醇胺法溶液由醇胺和水组成，醇胺类化合物中至少含有一个羟基和一个胺基。羟基的作用是降低化合物的蒸气压，并增加在水中的溶解度，而胺基则为水溶液提供必要的碱度，促进对酸性组分的吸收。醇胺可分为伯醇胺、仲醇胺和叔醇胺三类。H_2S 及 CO_2 在醇胺溶液中依靠与醇胺的反应从天然气中脱除，以伯醇胺为例，其发生的主要反应如下：

$$RNH_2 + H_2S \Longleftrightarrow RNH_3HS$$
$$RNH_2 + CO_2 + H_2O \Longleftrightarrow RNH_3HCO_3$$

这类方法是以可逆的化学反应为基础，以碱性溶剂为吸收剂的脱硫方法，溶剂与原料气中的酸性组分(主要是 H_2S 和 CO_2)反应而生成某种化合物；吸收了酸气的富液在升高温度、降低压力的条件下，该化合物又能分解而放出酸气。

图2-1是醇胺法天然气净化装置的基本流程，包括吸收、闪蒸、换热及再生四部分。吸收部分将天然气中的酸气脱至规定的指标；闪蒸用于除去富液中的轻烃(高压下运转的装置通常先使富液经闪蒸罐，尽可能闪蒸出溶解于富液中的烃类后再汽提再生，以避免损失原料气和影响再生酸气的质量)；换热以富液回收贫液的热量；再生部分将富液中的酸气解析出来以恢复其脱硫功能。

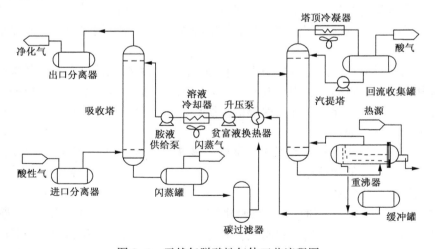

图2-1　天然气脱酸性气体工艺流程图

原料气经分离器除去游离的液体及夹带的固体杂质后进入吸收塔，气体在塔内自下而上地和溶液逆流接触而脱除酸性组分，出吸收塔的净化气经分离器送出装置。

富液由吸收塔底流出，经过闪蒸罐放出吸收的烃类气体，然后经贫/富液换热器与贫液换热而升温至大约82~94℃后进入再生汽提塔上部，沿再生塔向下同蒸汽逆流接触，大部分酸气被解吸，半贫液送入重沸器，在重沸器中被加热到大约 107～127℃，酸气进一步解吸，溶液得到较完全再生。再生后的醇胺贫液在换热器中与冷的富液换热并在冷却器中进一步冷却，经过滤器过滤后循环回吸收塔。再生塔顶馏出的酸性气体经过冷凝器和回流罐分出液态水后，酸气送硫黄回收装置制硫，部分分出的液态水作为回流液由泵送回再生塔。

二、天然气脱水

天然气中有水存在时，在回收天然气中轻烃以及后续的加工过程中，由于操作温度低，会形成水合物，堵塞管路、设备、影响生产的正常进行。另外，对于含有硫化氢、二氧化碳等酸性气体的天然气，由于液相水的存在，会造成设备、管道的腐蚀。因此，有必要脱除天然气中的水分，使其露点较最低环境温度低 5℃ 以上。

天然气的脱水方法多种多样，根据原理可归纳为以下几种：

1. 低温冷凝法

被水饱和的天然气在温度下降到水的露点以下时，天然气中含有的饱和水就会冷凝成液相水析出，在分离液相水后，降低了天然气的气相含水量，这就是低温脱水的原理。

低温条件要具备一定的设施和花费一定费用，达到一定的脱水深度相应要求一定的低温条件，因此这个方法很少单独被利用。

2. 溶剂吸收脱水法

利用某些液体物质不与天然气中的水分发生化学反应，只对水有很好的溶解能力，溶水后蒸气压很低、且可再生和循环使用的特点，将天然气中水汽脱出，这样的物质有甲醇、甘醇等。由于吸收剂可以再生和循环使用，故脱水成本低，在天然气脱水中得到广泛的应用。

3. 固体吸附脱水法

利用某些固体物质表面空隙可以吸附大量水分子的特点来脱除天然气中的水分，脱水后天然气含水最可降到 1mg/L，这样的固体物质有硅胶、活性氧化铝、4A 和 5A 分子筛等。

固体吸附剂被水饱和后易于再生，经过热吹脱附后可多次循环使用，因此常被用于天然气深度脱水。

根据上述几种脱水方式的特点，有时采用第二、第三两种方式相结合的两步脱水法：第一步用溶剂吸附法使天然气达到一定的露点；第二步再用固体吸附法达到深度脱水。

三、轻烃回收

天然气中的最主要组分甲烷的主要化工利用是先制成合成气，再由合成气制氨、甲醇等。天然气中含有的其他小分子烷烃主要有乙烷、丙烷、丁烷、戊烷、己烷等，经裂解或脱氢可以制得乙烯、丙烯、丁二烯等化工原料。

天然气脱水、脱硫后，仍然不能直接作为燃料气或化工原料，必须按一定的标准和要求将天然气中较重的烃类分离出来，主要是把 C_3^+ 烃类液化回收，称为轻烃回收。回收的轻烃可分为 3 个产品：乙烷、丙烷和丁烷(液化石油气)及 C_5^+(轻油)。乙烷由于不易运输，一般供给本国或临近国家用来裂解制乙烯，美国是世界上乙烯产量最大的国家，同时也是采用乙烷作乙烯原料的最大国家。液化石油气及 C_5^+ 轻油比较容易运输，一般与炼油厂生产的液化石油气及石脑油合并，作为制乙烯的原料。

轻烃回收的主要工艺方法有吸附法、低温油吸收法和冷凝分离法。

1. 吸附法

吸附法采用多孔结构的固体吸附剂如活性炭、硅胶、硅藻土等，利用其对各种烃类吸附容量不同的特性，使天然气中一些组分得以分离。此法多用于处理量较小及 C_3^+ 含量较少的天然气，也可用于天然气脱水。该法装置简单，设备投资较小，但能耗较大，成本较高，此法在世界范围内没有广泛应用。

2. 低温油吸收法

低温油吸收法选用一定相对分子质量的石脑油、煤油或柴油作为吸收油，选择性地吸收天然气中乙烷以上的组分，尤以回收丙烷、丁烷为主。

按照吸收温度的不同，该法又可分为常温、中温及低温吸收法。常温和中温吸收法由于轻烃收率低、消耗指标高已不再使用。低温吸收法温度在 -40℃ 左右，压降较小，允许采用碳钢，单套装置处理量较大，故此法一直占主导地位。吸收油的选取随吸收温度而定，常温油吸收工艺使用的吸收油，其相对分子质量可达 180~200，在低温吸收条件下则大都为 100~130。

低温油吸收法的工艺流程如图 2-2 所示。原料气在气/气换热器中与外输干气换冷后，再经外界冷源制冷，冷却到所需的温度后去吸收塔与冷的吸收油逆流接触，原料气中的轻烃被吸收油所吸收，塔顶排出的冷干气经换热后外输，吸收了轻烃的富吸收油进入富油闪蒸罐，在较低的压力下将吸收的部分 C_1、C_2 馏分蒸出来，以减轻脱乙烷塔的负荷。由于闪蒸气中还带有少量 C_3、C_4 等组分，因此将其压缩、冷却后返回原料气中。闪蒸后的富油经与贫油换热后进入脱乙烷塔，脱乙烷塔脱出的 C_1、C_2 馏分可作为制合成气的原料，若进一步分离可得较纯的甲烷和乙烷。脱乙烷塔底的富油进入蒸发塔，轻烃从塔顶馏出，并进入后续的分馏塔分离成液化石油气（C_3+C_4）和轻油，分馏塔底的贫油经冷却、升压、换热、冷却后循环至吸收塔顶。

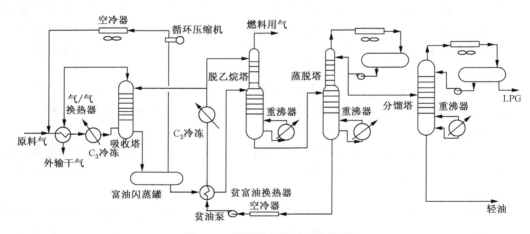

图 2-2 低温油吸收法工艺流程

脱乙烷塔上下段负荷不同，下部汽提段直径稍大，上部吸收段直径稍小。吸收段的顶部泵入冷的贫油起回流作用，防止有效组分的损失。

低温油吸收法的吸收塔压力即干气的外输压力，其操作温度由所需达到的 C_3 馏分收率决定，外加冷源的温度一般是确定的，以丙烷制冷为例，其蒸发温度约 -40℃，从而限制了 C_3 馏分的收率。

3. 冷凝分离法

冷凝分离法是利用在一定压力下天然气中各组分的挥发度不同，将天然气冷却至露点温度以下，得到一部分 C_3^+ 的液化气，使其与干气(甲烷、乙烷)分离的过程，分离出来的干气、液化气用精馏的方法进一步分离成所需的产品。

冷凝分离法在低温下进行，故又称为低温分离法。低温分离法一般可分为浅冷和深冷。浅冷以回收 C_3^+ 馏分为主要目的，制冷温度一般在 $-15 \sim -25\,℃$，深冷一般以回收 C_2^+ 馏分为主要目的，制冷温度一般在 $-90 \sim -100\,℃$。而中度制冷温度一般在 $-30 \sim -80\,℃$，是以提高 C_3 馏分收率为目的，有时也把中冷归为深冷部分，有的文献也称为中深冷。

C_2、C_3、C_3^+ 馏分的液化率是随压力的升高、温度的降低而提高。随着压力的升高，液化率增加很快，但当增加到 3.5MPa 以后，液化率增长幅度降低。但若压力低于 1.5MPa，要想使液化率增加，必须要有很低的冷凝温度。

冷凝分离法的特点是在一定的压力下需要向天然气提供足够的冷量，使其降温。按照提供冷量的制冷系统的不同，冷凝分离法又可分为冷剂制冷法、直接膨胀制冷法和混合制冷法。

冷剂制冷法又称外加冷源制冷法，它是由独立设置的冷剂制冷系统向原料气提供冷量。冷剂制冷的原理见后续章节乙烯裂解气分离部分。

冷剂制冷法工艺流程如图 2-3 所示。原料气经脱水干燥后先与外输干气换热，然后经丙烷冷剂冷却冷凝后进入分离器，分离得到的凝液作为脱乙烷塔的进料，脱乙烷塔顶排出的干气与原料气换热后外输。塔底的轻烃进入分馏塔分离成液化石油气和轻油。

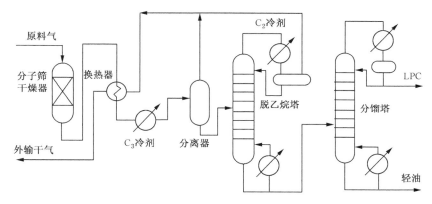

图 2-3　以丙烷为冷剂制冷的工艺流程

第二节　石油加工过程

石油是化石燃料之一，是从地下深处开采出来的黄色乃至黑色的可燃性黏稠液体，常与天然气并存。它是由远古海洋或湖泊中的生物在地下经过漫长的地球化学演化而形成的复杂混合物。

石油不是一种单纯的化合物，而是由数百种碳氢化合物组成的混合物，成分非常复杂，按化学组成可分为烃类和非烃类两大类。烃类主要是烷烃、环烷烃和芳香烃，一般不含烯烃。非烃类主要是含硫化合物、含氮化合物、含氧化合物及胶质和沥青质等。

由油田开采出来未经加工处理的石油称为原油。将原油加工成各种石油产品的过程称为石油炼制。石油在开采和加工过程中，得到许多气体和液体产品，它们都是石油化工生产的原料(或产品)。能够提供石油化工生产原料(或产品)的石油炼制装置主要包括：常减压蒸馏、催化裂化、催化重整、催化加氢、焦化和加氢精制等。

一、常减压蒸馏

原油蒸馏是石油加工中的第一道工序，故通常称原油蒸馏为一次加工，其他工序则称为二次加工。人们将既采用了常压蒸馏又采用了减压蒸馏的原油蒸馏装置通常称为常减压蒸馏。

1. 工艺流程

原油蒸馏过程中，在一个塔内通过蒸馏分离一次称一段汽化。原油经过加热汽化的次数称为汽化段数。原油蒸馏中常见的是三段汽化，即原油在初馏塔、常压塔和减压塔逐步进行了三次蒸馏。图2-4就是目前燃料-润滑油型炼油厂应用最为广泛的这种三段汽化流程。

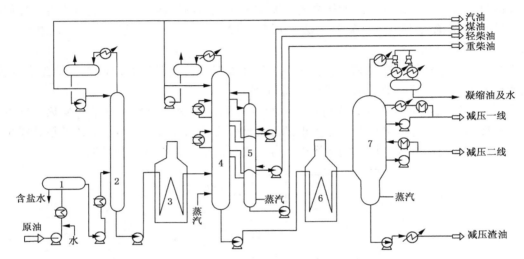

图2-4　三段汽化常减压蒸馏装置工艺流程图
1—脱盐罐；2—初馏塔；3—常压炉；4—常压塔；5—汽提塔；6—减压炉；7—减压塔

（1）初馏

原油经过换热温度达到80~120℃左右，进行脱盐、脱水（一般要求含水量0.1%~0.2%，含盐量<5~10mg/L），再经换热至210~250℃，此时较轻的组分已经汽化，气液混合物一同进入初馏塔，蒸出的塔顶油气经冷凝冷却后进行气液分离，气体称为拔顶气，液体是轻汽油，又称拔头油，由于主要作为催化重整的原料使用，而以前催化重整的催化剂采用铂，所以初馏塔顶油又被称为铂料，塔底为拔头原油。

（2）常压蒸馏

拔头原油经过换热、常压炉加热至360~370℃，油气混合物一同进入常压塔（塔顶压力约为130~170kPa）进行精馏，从塔顶分出汽油馏分或重整馏分，从侧线引出煤油、轻柴油和重柴油馏分，塔底是沸点高于350℃的常压重油。常压蒸馏的主要作用是从原油中分离出沸点小于350℃的轻质馏分油。

（3）减压蒸馏

减压蒸馏也称真空蒸馏。原油中重馏分沸点约370~535℃，在常压下要蒸馏出这些馏分，需要加热到420℃以上，而在此温度下，重馏分会发生一定程度的分解和结焦。因此，通常在常压蒸馏后再进行减压蒸馏。常压渣油经减压加热炉加热到约390~400℃送入减压蒸

48

馏塔，在绝对压力 2~8kPa、不发生明显裂化反应的温度下蒸馏出重油中的较轻组分。减压蒸馏追求高的拔出率，尽可能把能蒸出的油都蒸出，只留下含沥青多的残渣油。拔出率的高低受汽化段压力的影响，进塔处压力越低，拔出率就越高，轻油的收率越多。

减压途径通常用水蒸气喷射泵抽出减压塔顶的不凝气，以产生真空条件。

2. 常减压蒸馏装置的产品及应用

原油经常减压蒸馏后，得到拔顶气、汽油、煤油、柴油、催化裂化原料或润滑油原料等。拔顶气中乙烷占 2%~4%，丙烷约占 30%，丁烷约占 50%，其余为 C_5 馏分及 C_5 馏分以上的组分，可用作燃料或作为石油化工生产烯烃的裂解原料；初馏塔顶和常压塔顶得到的轻汽油和（重）汽油，称为直馏汽油，也称为石脑油，它是石油化工中裂解生产低级烯烃的优良原料，经过重整处理还可制取石油芳烃和高质量汽油。原油直接蒸馏得到的煤油、柴油等也称为直馏煤油、直馏柴油，它们除进一步加工制取合格的燃料油外，都可作为裂解原料。常压塔三、四线产品和减压塔侧线产品同称为"常减压馏分油"，可作为炼油厂的裂化原料或生产润滑油的原料，也可作为化工厂生产烯烃或芳烃的原料。

原油的常减压蒸馏过程只是物理过程，并不发生化学变化，所以得到的轻质燃料无论是数量和质量都不能满足要求。例如，汽油的收率一般不足 25%，辛烷值只有 30~40。为了生产更多的燃料和化工原料需对各个馏分进行二次加工，即常减压馏分油需经进一步化学加工过程，如催化裂化、催化重整、催化加氢、延迟焦化等。

二、催化重整

催化重整是生产石油芳烃和高辛烷值汽油组分的主要工艺过程，是炼油和石油化工的重要生产工艺之一。催化重整是以 $C_6~C_{11}$ 石脑油为原料，在一定的操作条件和催化剂的作用下，使轻质原料油（石脑油）的烃类分子结构重新排列整理，转变成富含芳烃的高辛烷值汽油（重整汽油），并副产液化石油气和氢气的过程。

催化重整最初是用来生产高辛烷值汽油，但现在已成为生产芳烃的重要方法。

本书第三章将详细介绍催化重整装置的有关知识。

三、催化裂化（FCC）

催化裂化是重质油在酸性催化剂存在下，在 500℃ 左右、$1×10^5~3×10^5Pa$ 下发生裂化反应，生成气态烃、汽油、柴油和焦炭的过程。

1. 催化裂化的化学反应

由于石油馏分是由各种烃类组成的混合物，而各种烃类在裂化催化剂上所进行的化学反应是不同的，所以它的化学反应是相当复杂的。但在各类反应中以裂化反应为主，同时需催化剂存在，故有催化裂化之称。

（1）烷烃的催化裂化反应

烷烃在催化裂化过程中主要是发生分解反应，即 C—C 键的断裂，反应的结果生成较小分子的烷烃和烯烃。例如：

$$C_{16}H_{34} \longrightarrow C_8H_{16} + C_8H_{18}$$

生成的烷烃与烯烃又可以连续进行分解或其他反应。

烷烃分解反应生成的小分子气态烃中，多为三碳和四碳原子的烯烃，例如：

$$\underset{辛烷}{C_8H_{18}} \overset{\triangle}{\longrightarrow} \underset{丁烷}{C_4H_{10}} + \underset{丁烯}{C_4H_8}$$

$$C_4H_{10} \xrightarrow{\triangle} CH_4 + C_3H_6$$
$$\text{丁烷} \qquad \text{甲烷} \quad \text{丙烯}$$

$$C_4H_{10} \xrightarrow{\triangle} C_2H_4 + C_2H_6$$
$$\text{丁烷} \qquad \text{乙烯} \quad \text{乙烷}$$

异构烷烃的分解速度比正构烷烃的分解速度快得多。

（2）烯烃的催化裂化反应

作为催化裂化原料的直馏馏分油中不含烯烃，但经一次裂化后各种烃类都会产生烯烃。在催化裂化条件下，烯烃的主要反应是分解反应。烯烃的分解即 C—C 键断裂生成两个较小分子的烯烃。

（3）环烷烃的催化裂化反应

环烷烃在催化裂化过程发生的反应因其结构不同而有较大的区别。单环环烷烃的主要化学反应是环上脱氢生成芳烃和环上碳键的断裂生成烯烃，烯烃再继续进行反应。例如：

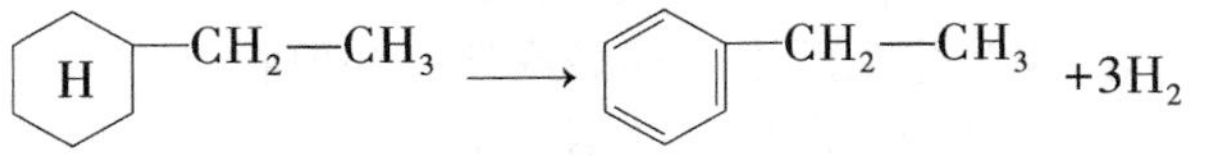

$$\text{H}\!\!\!\bigcirc\!\!-\text{CH}_2\!-\!\text{CH}_3 \longrightarrow \bigcirc\!\!-\text{CH}_2\!-\!\text{CH}_3 + 3\text{H}_2$$

带侧链的环烷烃也可以在侧链上发生分解反应。此外，带侧链的五元环烷烃也可以异构化而成六元环环烷烃，再进一步脱氢生成芳烃。

（4）芳香烃的催化裂化反应

简单的芳香烃如苯在催化裂化条件下十分稳定，带侧链芳香烃的烷基侧链则很容易发生断裂。

多环芳香烃的裂化反应速度很慢，它们主要发生缩合反应生成焦炭，同时放出氢原子使烯烃饱和。

因为催化裂化的主要反应是裂化，即大分子裂化为小分子，所以重质油原料裂化后得到轻质油产品，另外由于有催化剂的存在，催化裂化反应不仅有碳链的分解，还有异构化反应，它使产品中的异构烃增加，氢转移反应使轻质油品得到饱和，烯烃等的芳构化反应及环烷烃的脱氢反应较易进行，使产品中的芳香烃增加。由于异构烃和芳香烃的大量存在，使得催化裂化汽油的辛烷值较高，所以催化裂化能提高轻质油的收率和质量，是炼油厂获得经济效益的重要手段。

2. 催化裂化工艺流程

催化裂化装置一般由反应-再生系统、分馏系统和吸收稳定系统三部分所组成。

（1）反应-再生系统

现以馏分油高低并列式提升管催化裂化装置为例，说明反应-再生系统的工艺流程，如图 2-5 所示。

新鲜原料油（减压馏分、焦化蜡油等）经换热后，送入原料油预热炉加热到 300～380℃ 与回炼油在加热炉辐射段出口汇合后，送到提升管反应器下部的喷嘴（油浆单独从分馏塔底抽出，不经加热炉直接送到提升管反应器的中下部喷嘴）。原料油用蒸汽雾化后经多个喷嘴喷入提升管内，在其中与来自再生器的高温再生剂（640～700℃）相遇，立即汽化并进行反应。油气与雾化蒸汽及预提升蒸汽一起以 4.5～7.5m/s 的入口线速携带催化剂沿提升管向上流动，在 460～510℃ 的反应温度下停留 2.5～4s，以 10～18m/s 的高速通过提升管出口的快速分离器进入沉降器，与大部分催化剂迅速分离，携带少量催化剂的反应产物经若干组两级旋风分离器分离出夹带的催化剂后，进入集气室，并通过沉降器顶部出口进入分馏系统。

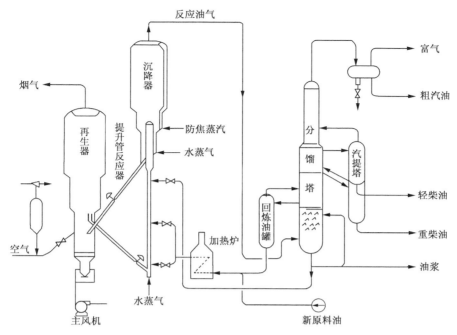

图 2-5 FCC 反应-再生及分馏系统流程

经快速分离器分出的积有焦炭的催化剂，落入沉降器底部，进入汽提段。经旋风分离器回收的催化剂经料腿也流入汽提段。汽提段内装有多层人字形挡板（或回环形挡板），最下面三排人字挡板下方设有汽提蒸汽管，通入约400℃的过热蒸汽，把待生催化剂上吸附的油气及颗粒之间空隙内的油气置换出来，置换出来的油气返回沉降器。经汽提后的待生剂通过待生斜管、待生单动滑阀进入再生器床层。

再生器的主要作用是烧去催化剂上因反应而生成的积炭，使催化剂的活性得以恢复。再生用空气由主风机供给，通过再生器下面的燃烧室及分布板（或分布管）进入密相床层。待生剂在 640~700℃ 的温度下进行流化烧焦，再生器维持 137~177kPa（表压）的顶部压力。床层线速约为 0.8~1.2m/s。含炭量降到 0.15% 以下的催化剂流入溢流管（淹流管），经再生斜管、再生单动滑阀送回提升管反应器循环使用。

烧焦生成的烟气，经再生器稀相段、若干组两级旋风分离器除去携带的催化剂后，进入集气室，再经双动滑阀排入烟囱（或送去烟气能量回收系统）。回收的催化剂经料腿返回床层。

（2）分馏系统

分馏系统的任务是把反应器送来的混合油气按沸点范围分割成富气、粗汽油、柴油、回炼油和渣油（油浆）等，并保证各产品质量合格。

自反应器顶部出来的约 460~500℃ 的高温油气进入分馏塔底部的人字塔板下。经过蒸馏，水蒸气、富气和粗汽油自塔顶馏出，经冷凝冷却后进入油气分离器，未凝的富气去富气压缩机压缩，粗汽油用泵送往吸收塔。塔中部侧线抽出轻、重柴油和回炼油。柴油经汽提、换热和水冷后引出装置，回炼油自第二层塔盘的集油箱全部引出进入回炼油罐，温度约为 350℃，从罐底用泵抽出分成两路：一路返回第二层塔盘做内回流，另一路经加热炉加热后入反应器回炼。从塔底抽出的带有催化剂粉末的约375~380℃的油浆，一路经换热、水冷后从人字塔板上返回分馏塔做回流，用来与进塔原料油气换热，并冲洗油中携带的催化剂粉末，以免堵塞上部塔板；另一路送往反应器做回炼油浆，若不需回炼则可经冷却后引出装置。塔中部设有中段回流以取走部分热量。

（3）吸收稳定系统

典型吸收稳定系统的原理工艺流程见图2-6所示。

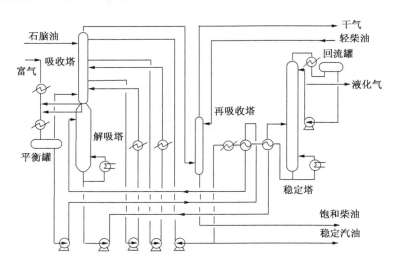

图2-6　FCC吸收稳定系统流程

由分馏系统油气分离器出来的富气经气体压缩机升压后，冷却并分出凝缩油，压缩富气进入吸收塔底部，粗汽油和稳定汽油作为吸收剂由塔顶进入，吸收了C_3、C_4馏分（及部分C_2馏分）的富吸收油由塔底抽出送至解吸塔顶部。吸收塔设有一个中段回流以维持塔内较低的温度。吸收塔顶出来的贫气中尚夹带少量汽油，经再吸收塔用轻柴油回收其中的汽油组分后成为干气送燃料气管网。吸收了汽油的轻柴油由再吸收塔底抽出返回分馏塔。解吸塔的作用是通过加热将富吸收油中C_2组分解吸出来，由塔顶引出进入中间平衡罐，塔底为脱乙烷汽油被送至稳定塔。稳定塔的目的是将汽油中C_4组分以下的轻烃脱除，在塔顶得到液化石油气（简称液化气），塔底得到合格的汽油——稳定汽油。

3. 催化裂化的产品及应用

C_1~C_2组分的气体称为干气，约占10%~20%，其余C_3~C_4组分气体被冷凝为液态烃，称为液化气。干气中含有10%~20%的乙烯，液化气中丙烯和丁烯含量可达50%左右，它们都是石油化工的基础原料。液化气中还含有丙烷和丁烷可作为生产烯烃的裂解原料。催化裂化生产的汽油和柴油产品中因含有较多的烯烃，不宜做裂解的原料。

四、加氢裂化

加氢裂化是在加热、高氢压和采用具有裂化和加氢作用的双功能催化剂存在的条件下，使重质油发生裂化反应，转化为气态烃、汽油、喷气燃料(航煤)、柴油等的过程。

加氢裂化实质上是加氢和催化裂化过程的有机结合，一方面能够使重质油品通过催化裂化反应生成汽油、煤油和柴油等轻质油品，另一方面又可以防止生成大量的焦炭，而且还可以将原料中的硫、氮、氧等杂质脱除，并使烯烃饱和。加氢裂化具有轻质油收率高、产品质量好的突出特点。

1. 加氢裂化的化学反应

加氢裂化过程中主要发生的化学反应有：大分子烷烃加氢裂解成较小分子烷烃；环烷烃开环生成链烷烃；烯烃加氢成饱和烃；芳烃加氢生成环烷烃；含 S、N、O 的非烃化合物加氢分别生成 H_2S、NH_3、H_2O 以及金属化合物脱金属等。

烃类在加氢裂化条件下的反应方向和深度，取决于烃的组成、催化剂性能以及操作条件，主要发生的反应类型包括裂化、加氢、异构化、环化、脱硫、脱氮、脱氧以及脱金属等。

（1）烷烃的加氢裂化反应

在加氢裂化条件下，烷烃主要发生 C—C 键的断裂反应，此外还可以发生异构化反应。

（2）环烷烃的加氢裂化反应

加氢裂化过程中，环烷烃发生的反应受环数的多少、侧链的长度以及催化剂性质等因素的影响。单环环烷烃一般发生异构化、断链和脱烷基侧链等反应；双环环烷烃和多环环烷烃首先异构化成五元环衍生物，然后再断链。

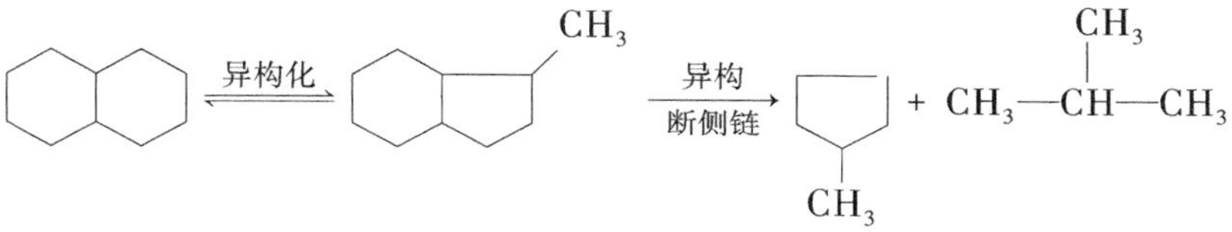

（3）烯烃的加氢裂化反应

加氢裂化条件下，烯烃很容易加氢变成饱和烃，此外还会进行聚合和环化等反应。

（4）芳香烃的加氢裂化反应

对于侧链有三个以上碳原子的芳香烃，首先会发生断侧链生成相应的芳香烃和烷烃，少部分芳香烃也可能加氢饱和生成环烷烃。双环、多环芳香烃加氢裂化是分步进行的，首先是一个芳香环加氢成为环烷芳香烃，接着环烷环断裂生成烷基芳香烃，然后再继续反应。

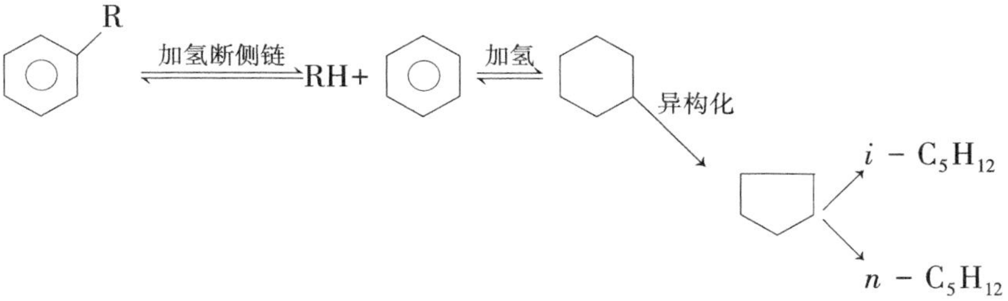

（5）非烃化合物的加氢裂化反应

在加氢裂化条件下，含硫、氮、氧杂原子的非烃化合物进行加氢反应生成相应的烃类以及硫化氢、氨和水。

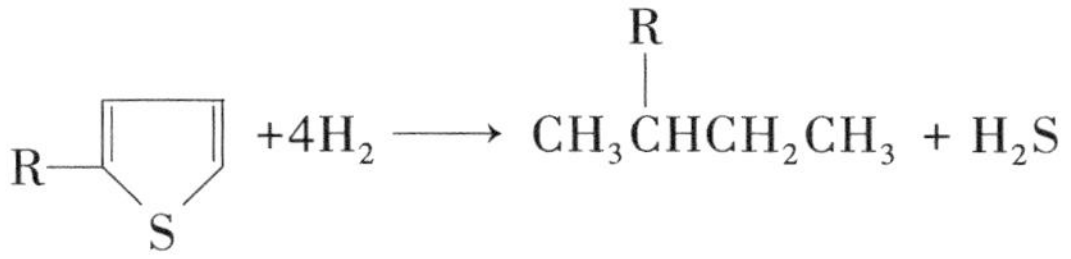

$$R-\underset{N}{\bigcirc} +5H_2 \longrightarrow CH_3\overset{R}{\underset{}{CH}}CHCH_2CH_2CH_3 + NH_3$$

$$\underset{\underset{H}{N}}{\bigcirc} +4H_2 \longrightarrow C_4H_3 + NH_3$$

$$\overset{OH}{\bigcirc} +H_2 \longrightarrow \bigcirc +H_2O$$

2. 加氢裂化工艺流程

目前的加氢裂化工艺绝大多数都采用固定床反应器，根据原料性质、产品要求和处理量的大小，加氢裂化装置一般按照两种流程操作：一段加氢裂化和两段加氢裂化。

（1）固定床一段加氢裂化工艺

一段加氢裂化主要用于由粗汽油生产液化气，由减压蜡油和脱沥青油生产喷气燃料和柴油等。一段加氢裂化只有一个反应器，原料油的加氢精制和加氢裂化在同一个反应器内进行，反应器上部为精制段，下部为裂化段。其流程示意图见图 2-7 所示。

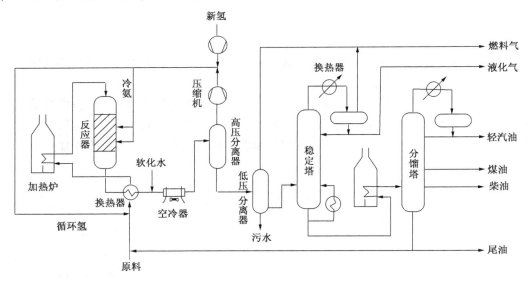

图 2-7 一段加氢裂化工艺流程示意图

以大庆直馏柴油馏分（330~490℃）一段加氢裂化为例。原料油经泵升压至 16.0MPa，与新氢和循环氢混合换热后进入加热炉加热，然后进入反应器进行反应。反应器的进料温度为 370~450℃，原料在反应温度 380~440℃、空速 1.0h⁻¹、氢油体积比约为 1:2500 的条件下进行反应。反应产物与原料换热至 200℃左右，注入软化水溶解 NH₃、H₂S 等，以防止水合物析出堵塞管道，然后再冷却至 30~40℃后进入高压分离器。顶部分出循环氢，经压缩机升压后返回系统使用；底部分出生成油，减压至 0.5MPa 后进入低压分离器，脱除水，并释放出部分溶解气体（燃料气）。生成油加热后进入稳定塔，在 1.0~1.2MPa 下蒸出液化气，塔底液体加热至320℃后进入分馏塔，得到轻汽油、喷气燃料、低凝柴油和塔底油(尾油)。

（2）固定床两段加氢裂化工艺

两段加氢裂化装置中有两个反应器，分别装有不同性能的催化剂。第一个反应器主要进行原料油的精制；第二个反应器主要进行加氢裂化反应，在裂化活性较高的催化剂上进行裂化反应和异构化反应，最大限度地生产汽油和中间馏分油。两段加氢裂化工艺对原料的适应性大，操作比较灵活。

如图2-8所示，原料油经高压油泵升压并与循环氢及新氢混合后首先与第一段生成油换热，再在第一段加热炉中加热至反应温度，进入第一段加氢精制反应器，在加氢活性高的催化剂上进行脱硫、脱氮反应，原料中的微量金属也被脱掉，反应生成物经换热、冷却后进入第一段高压分离器，分出循环氢。生成油进入脱氨(硫)塔，脱去NH_3和H_2S后作为第二段进料。在脱氨塔中用氢气吹掉溶解气、氨和硫化氢。第二段进料与循环氢混合后，进入第二段加热炉，加热至反应温度，在装有高酸性催化剂的第二段加氢裂化反应器内进行加氢、裂解和异构化等反应。反应生成物经换热、冷却、分离，分出循环氢和溶解气后送至稳定分馏系统。

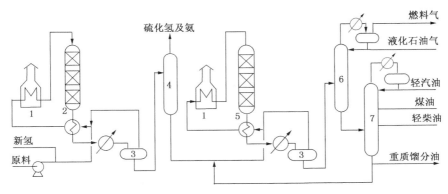

图2-8　固定床两段加氢裂化工艺流程示意图

1—加热炉；2—一段加氢反应器；3—分离器；4—汽提塔；5—二段加氢反应器；6、7—蒸出塔

3. 加氢裂化的产品及应用

加氢裂化的产品中，气体产品主要成分为丙烷和丁烷，可作为裂解的原料；汽油(石脑油)可以直接作为汽油组分或溶剂油等石油产品，也可作催化重整原料或生产烯烃的裂解原料；加氢裂化喷气燃料(航煤)烯烃含量低，芳烃含量少，结晶点低，烟点高，是优质的喷气燃料；加氢裂化柴油硫含量很低，芳烃含量也较低，十六烷值>60，安定性高，适合用来调和生产低硫车用柴油。加氢裂化尾油几乎不含烯烃，芳烃含量在10%以下，是裂解制乙烯的良好原料。

五、延迟焦化

延迟焦化是指以贫氢的重质油为原料，在高温(约500℃)进行深度的热裂化和缩合反应，生产气体、汽油、柴油、蜡油和焦炭的技术。所谓延迟是指将原料油经过加热炉加热迅速升温至焦化反应温度，在反应炉管内不生焦，而进入焦炭塔再进行焦化反应，故称为延迟焦化。

1. 化学反应

延迟焦化加工过程所处理的原料是石油的重质馏分或重、残油等。它们的组成复杂，是各类烃的混合物。在受热时，首先反应的是那些对热不稳定的烃类，随着反应的进一步加深，热稳性较高的烃类也会进行反应。烃类在加热条件下的反应基本上可分为两个类型，即分解反应和缩合反应。分解反应是吸热过程，结果生成小分子的烃类，如汽油、气体等。缩合反应是放热过程，反应朝着分子变大的方向进行，高度缩合的结果便产生胶质、沥青质乃至最后生成碳氢比很高的焦炭。

2. 工艺流程

如图 2-9 所示，原料经预热后，先进入分馏塔下部与焦化塔顶过来的焦化油气在塔内接触换热，一是使原料被加热，二是将过热的焦化油气降温到可进行分馏的温度（一般分馏塔底温度不宜超过 400℃），同时把原料中的轻组分蒸发出来。焦化油气中相当于原料油沸程的部分称为循环油，随原料一起从分馏塔底抽出，打入加热炉辐射室，加热到 500℃ 左右，通过四通阀从底部进入焦炭塔，进行焦化反应。为了防止油在管内反应结焦，需向炉管内注水，以加大管内流速（一般为 2m/s 以上），缩短油在管内的停留时间，注水量约为原料油的 2% 左右。

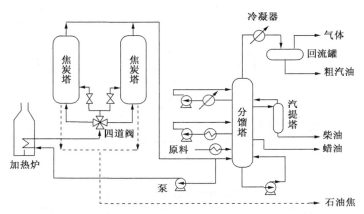

图 2-9　延迟焦化工艺流程示意图

进入焦炭塔的高温渣油，需在塔内停留足够时间，以便充分进行反应。反应生成的油气从焦炭塔顶引出进分馏塔，分出焦化气体、汽油、柴油和蜡油，塔底循环油与原料一起再进行焦化反应。焦化生成的焦炭留在焦炭塔内，通过水力除焦从塔内排出。

一套延迟焦化装置通常有 2~4 个焦炭塔切换使用。当一个塔中焦炭积存到塔高的 2/3 左右时，进行切换，以保证装置的连续运转。通常每个塔的切换周期为 48h。在焦炭塔中生成的焦炭十分坚实，一般使用特制水力切割器，以 12~28MPa（120~280 大气压）高速度、高冲击力的高压水把焦炭从塔内除去。高压水是由高压多级离心泵供给的。

3. 延迟焦化的产品及应用

焦化过程的产物有气态烃、汽油、柴油、蜡油和焦炭。气态烃中含乙烯、丙烯和丁烯直接回收利用，气态烃中所含大量的甲烷和乙烷，可作为基本有机化工的原料；焦化汽油和焦化柴油中不饱和烃含量高，必须经过加氢精制后才能作为汽油和柴油产品的调和组分，加氢焦化汽油还可作为催化重整原料或裂解的原料；焦化蜡油主要用作催化裂化原料；焦炭可作为冶炼工业或其他工业的燃料。

复习思考题

1. 天然气加工包括哪些部分？从天然气中可以得到哪些化工原料？

2. 从石油中加工出的哪些馏分可以作为生产乙烯的原料？哪些馏分可以作为生产芳烃的原料？

3. 天然气按组成可分为哪几类？各种天然气的组成有何区别？各种天然气的化工用途分别是什么？

4. 天然气中的酸性气体有哪些？它们的存在有什么危害？

5. 根据脱硫剂的物理形态，天然气脱硫有哪两种方式？各种方式的优缺点是什么？你认为工业上广泛采用的是哪种方式？

6. 叙述天然气醇胺法除酸性气体的典型工艺流程。

7. 天然气的脱水方法有哪些？叙述各种方法脱水的原理。

8. 从天然气中回收轻烃的方法有哪些？叙述各种方法回收轻烃的原理及其工艺流程。

9. 石油的烃类组成有哪些？非烃类组成又有哪些？

10. 画图叙述三段汽化常减压蒸馏流程。

11. 常减压蒸馏装置的产品有哪些？各有什么化工用途？

12. 什么是催化裂化？催化裂化的化学反应有哪些？你能否分析出各类反应的优缺点？

13. 催化裂化装置由哪几个系统组成？各系统的作用是什么？

14. 催化裂化的主要产品有哪些？各有什么化工用途？

15. 全面叙述催化裂化的工艺流程。

16. 什么是加氢裂化？加氢裂化的化学反应有哪些？

17. 加氢裂化的主要产品有哪些？各有什么化工用途？

18. 叙述两段加氢裂化的工艺流程。

19. 什么是延迟焦化？延迟焦化的化学反应有哪些？

20. 延迟焦化的主要产品有哪些？各有什么化工用途？

21. 叙述延迟焦化的工艺流程。

第三章 基础产品的生产

石油化学工业中大多数中间产品和终端产品均以烯烃和芳烃为基础原料，烯烃和芳烃所用原料烃约占石化生产总耗用原料烃的四分之三。近年来甲醇身价倍增，甲醇是仅次于三烯和三苯的重要基础石油化工产品，尤其近年来在有些发达国家中，甲醇以清洁燃料的身份登上了环境保护的殿堂，更使其身价倍增。因此，发达国家中甲醇产量仅次于乙烯、丙烯、苯，居第四位。特别是合成气生产甲醇得到了重视，所以石油化学工业的基础产品主要包括：乙烯、丙烯、丁二烯、苯、甲苯、二甲苯、甲醇等。由这些基础产品出发可进一步加工生产各种石油化工产品。所以本章根据这一思路，第一节和第二节介绍乙烯和丙烯的生产技术，第三节介绍丁二烯的生产技术，第四节介绍芳烃的生产技术，第五节介绍甲醇的生产技术，使大家对五个基础产品的生产原理、操作条件的选择、生产方案等有一个全面的了解。

第一节 石油烃类的热裂解

石油烃类的热裂解就是以石油烃为原料，利用石油烃在高温下不稳定、易分解的性质，在隔绝空气和高温条件下，使大分子的烃类发生断链和脱氢等反应，以制取低级烯烃的过程。

石油烃热裂解的主要目的是生产乙烯，同时可联产丙烯，经过后序生产装置进行分离后还可得到丁二烯以及苯、甲苯和二甲苯等产品。

目前世界上98%以上的乙烯是来自石油烃类裂解，约70%的丙烯、90%的丁二烯、30%的芳烃均来自裂解装置的副产，以"三烯"和"三苯"总量计，约65%来自于裂解装置。除此之外，乙烯还是石油化工中最重要的产品，它的发展也带动了其他有机产品的生产，因此，常常将生产乙烯的裂解装置生产能力的大小作为衡量一个国家或地区石油化学工业发展水平的标志。

裂解能力的大小往往以乙烯的产量来衡量。乙烯在世界大多数国家几乎都有生产。2009年世界乙烯的总生产能力达 1.33×10^8 t，全球十大乙烯生产国（地区）的总产能 8691.9×10^4 t，占全球总产能的65.4%，美国仍然是世界最大的乙烯生产国，产能为 2755.4×10^4 t，中国以 1206.5×10^4 t 的产能居第二，沙特阿拉伯排第三，产能为 1070×10^4 t，未来5年世界乙烯产能还将稳步增长，新增产能主要集中在中东和亚太地区。

我国乙烯工业已有40多年的发展历史，20世纪60年代初我国第一套乙烯装置在兰州化工厂建成投产，1976年在燕山建成我国第一套 300kt/a 的大型乙烯装置后，"七五"期间，大庆、齐鲁、扬子、上海石化四套 300kt/a 大型乙烯装置相继投产。"八五"期间，燕山石化和扬子石化乙烯完成第一轮改造，能力分别达到450kt和400kt。"九五"期间，上海石化乙烯第一轮改造完成后能力达到400kt；齐鲁石化第一轮乙烯改造后能力达到450kt；大庆石化乙烯第一轮改造后能力达到480kt；茂名石化乙烯第一轮改造完善配套措施后，能力达到380kt。

目前我国乙烯自给率还不高，2010年只有47.5%。这表明，我国乙烯工业的发展仍存在较大的市场空间和潜力。一方面需要进口乙烯产品，另一方面需要加大国内乙烯的生产，因此，无论从乙烯在石油化学工业中的地位，还是从乙烯的需求量预测，都可以看出，以生产乙烯为主要目的的石油烃热裂解装置在石油化学工业中具有举足轻重的地位。

一、烃类裂解过程的化学反应

在裂解原料中，主要烃类有烷烃、环烷烃和芳烃，二次加工的馏分油中还含有烯烃。尽管原料的来源和种类不同，但其主要成分是一致的，只是各种烃的比例有差异。烃类在高温下裂解，不仅原料发生多种反应，生成物也能继续反应，其中既有平行反应又有连串反应，包括脱氢、断链、异构化、脱氢环化、脱烷基、聚合、缩合、结焦等反应过程。因此，烃类裂解过程的化学变化是十分错综复杂的，生成的产物也多达数十种甚至上百种。裂解过程中部分化学反应见图 3-1 所示。

由图 3-1 可见，要全面描述这样一个十分复杂的反应过程是很困难的，所以，人们根据反应的前后顺序，将它们简化归类分为一次反应和二次反应。

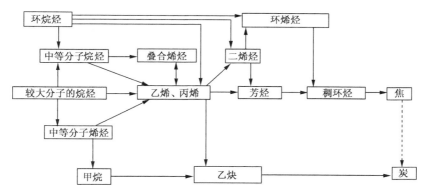

图 3-1　裂解过程中部分化学反应

（一）烃类裂解的一次反应

所谓一次反应是指生成目的产物乙烯、丙烯等低级烯烃为主的反应。

1. 烷烃裂解的一次反应

（1）断链反应

断链反应是 C—C 链断裂反应，反应后产物有两个，一个是烷烃，一个是烯烃，其碳原子数都比原料烷烃减少。其通式为：$C_{m+n}H_{2(m+n)+2} \longrightarrow C_nH_{2n}+C_mH_{2m+2}$。

（2）脱氢反应

脱氢反应是 C—H 链断裂的反应，生成的产物是碳原子数与原料烷烃相同的烯烃和氢气。其通式为：$C_nH_{2n+2} \longrightarrow C_nH_{2n}+H_2$。

2. 环烷烃的断链（开环）反应

环烷烃的热稳定性比相应的烷烃好。环烷烃热裂解时，可以发生 C—C 链的断裂（开环）与脱氢反应，生成乙烯、丁烯和丁二烯等烃类。

以环己烷为例，断链反应：

$$\longrightarrow 2C_3H_6$$
$$\longrightarrow C_2H_4 + C_4H_6 + H_2$$
$$\longrightarrow C_2H_4 + C_4H_8$$
$$\longrightarrow \frac{3}{2}C_4H_6 + \frac{3}{2}H_2$$
$$\longrightarrow C_4H_6 + C_2H_6$$

环烷烃的脱氢反应生成的是芳烃，芳烃缩合最后生成焦炭，所以，不能生成低级烯烃，即不属于一次反应。

3. 芳烃的断侧链反应

芳烃的热稳定性很高，一般情况下，芳香烃不易发生断裂。所以，由苯裂解生成乙烯的可能性极小。但烷基芳烃可以断侧链生成低级烯烃、烷烃和苯。

4. 烯烃的断链反应

常减压车间的直馏馏分中一般不含烯烃，但二次加工的馏分油中可能含有烯烃。大分子烯烃在热裂解温度下能发生断链反应，生成小分子的烯烃。

例如：$C_5H_{10} \longrightarrow C_3H_6 + C_2H_4$

（二）烃类裂解的二次反应

所谓二次反应就是一次反应生成的乙烯、丙烯继续反应并转化为炔烃、二烯烃、芳烃直至生炭或结焦的反应。

烃类热裂解的二次反应比一次反应复杂。原料经过一次反应后，生成氢、甲烷和一些低相对分子质量的烯烃，如乙烯、丙烯、丁二烯、异丁烯、戊烯等，氢和甲烷在裂解温度下很稳定，而烯烃则可以继续反应。主要的二次反应有：

1. 低分子烯烃脱氢反应

$$C_2H_4 \longrightarrow C_2H_2 + H_2$$
$$C_3H_6 \longrightarrow C_3H_4 + H_2$$

2. 二烯烃叠合芳构化反应

$$2C_2H_4 \longrightarrow C_4H_6 + H_2$$
$$C_2H_4 + C_4H_6 \longrightarrow C_6H_6 + 2H_2$$

3. 结焦反应

烃的生焦反应，要经过生成芳烃的中间阶段，芳烃在高温下发生脱氢缩合反应而形成多环芳烃，它们继续发生多阶段的脱氢缩合反应生成稠环芳烃，最后生成焦炭。

$$烯烃 \xrightarrow{-H_2} 芳烃 \xrightarrow{-H_2} 多环芳烃 \xrightarrow{-H_2} 稠环芳烃 \xrightarrow{-H_2} 焦$$

除烯烃外，环烷烃脱氢生成的芳烃和原料中含有的芳烃都可以脱氢发生结焦反应。

4. 生炭反应

在较高温度下，低分子烷烃、烯烃都有可能分解为炭和氢，这一过程是随着温度升高而分步进行的。如乙烯脱氢先生成乙炔，再由乙炔脱氢生成炭。

$$CH_2{=}CH_2 \longrightarrow CH{\equiv}CH \longrightarrow 2C + H_2$$

因此，实际上生炭反应只有在高温条件下才可能发生，并且乙炔生成的炭不是断链生成单个碳原子，而是脱氢稠合成几百个碳原子。

结焦和生炭过程二者机理不同，结焦是在较低温度下（<927℃）通过芳烃缩合而成，生炭是在较高温度下（>927℃），通过生成乙炔的中间阶段，脱氢为稠合的碳原子。

由此可以看出，一次反应是生产的目的，而二次反应既造成烯烃的损失，浪费原料又会生炭或结焦，致使设备或管道堵塞，影响正常生产，所以二次反应是不希望发生的。因此，无论在选取工艺条件或进行设计时，都要尽力促进一次反应，千方百计地抑制二次反应。

二、烃类裂解的原料

1. 裂解原料的族组成

裂解原料是由各种烃类组成的，按其结构可分为四大族，即烷烃族（P）、烯烃族（O）、环烷烃族（N）和芳烃族（A），这四大族的族组成以 PONA 值来表示。从以上讨论，可以归纳各烃类的热裂解反应的大致规律：

烷烃——正构烷烃最利于生成乙烯、丙烯，是生产乙烯的最理想原料。相对分子质量越小则烯烃的总收率越高。异构烷烃的烯烃总收率低于同碳原子数的正构烷烃，随着相对分子质量的增大，这种差别就减少。

环烷烃——在通常裂解条件下，环烷烃脱氢生成芳烃的反应优于断链（开环）生成单烯烃的反应。含环烷烃多的原料，其丁二烯、芳烃的收率较高，乙烯的收率较低。

芳烃——无侧链的芳烃基本上不易裂解为烯烃；有侧链的芳烃，主要是侧链逐步断链及脱氢。芳烃倾向于脱氢缩合生成稠环芳烃，直至结焦。所以，芳烃不是裂解的合适原料。

烯烃——大分子的烯烃能裂解为乙烯和丙烯等低级烯烃，但烯烃会发生二次反应，最后生成焦和炭。所以，含烯烃的原料（如二次加工产品）作为裂解原料并不好。

因此，从族组成上看，高含量的烷烃、低含量的芳烃和烯烃是理想的裂解原料。

2. 裂解原料的来源

裂解原料的来源主要有两个方面，一是天然气加工厂的轻烃，如乙烷、丙烷、丁烷等，二是炼油厂的加工产品，如炼厂气、石脑油、柴油、重油、渣油等，以及炼油厂二次加工油，如焦化加氢油、加氢裂化尾油等（参见第二章）。

3. 选择裂解原料的考虑因素

原料在乙烯成本中占很大的比例，以石脑油和柴油为原料的乙烯装置原料油费用占总成本的 70%～75%。因此，原料的优劣对乙烯竞争力有重要的影响。

第一要考虑原料对乙烯收率的影响。原料由轻到重，乙烯产率下降，而生产每吨乙烯所需的原料增加。用柴油为原料所用的原料量是乙烷为原料的 3 倍。

第二要考虑原料对能耗的影响。使用重质原料的乙烯装置能耗远远大于轻质原料，以乙烷为原料的乙烯装置生产成本最低，若乙烷原料的能耗为 1，则丙烷、石脑油和柴油的能耗分别是 1.23、1.52、1.84。

第三要考虑原料对装置投资的影响。采用乙烷、丙烷为原料，由于烯烃收率高，副产品很少，工艺较简单，相应地投资较少。采用重质原料时，乙烯收率低，原料消耗定额大幅度提高，例如，用减压柴油作原料是用乙烷做原料定额消耗的 3.9 倍，装置炉区较大，副产品数量大，分离较复杂，则投资也较大。

第四要考虑原料对生产成本的影响。由于原料不同影响到裂解所用原料量的多少、能耗的高低和装置投资的大小等，最终会影响到乙烯生产成本的高低。原料由轻到重，装置的生产成本由低到高。

4. 各国裂解原料的选择

选择以石油馏分还是以液化天然气为原料生产乙烯，各国各地区根据自己国家的资源和市场情况会有所侧重。美国、加拿大及中东地区因为有丰富廉价的天然气资源，所以侧重于以乙烷、丙烷为裂解原料生产乙烯。西欧和东北亚地区由于天然气资源短缺，基本不用轻烃作为裂解原料。

从提高乙烯竞争力的长远目标考虑，我国的乙烯原料应以石脑油为主，加氢尾油和轻烃作为补充，减少直至取消柴油作乙烯原料。同时应发挥油化结合一体化的优势，对提供乙烯原料的炼油厂在配置国内原油时，应尽量选择含直链烷烃较多的石蜡基原油（如大庆油）进行加工；对沿海加工进口原油并提供乙烯原料的炼油厂，可选择来源稳定、石脑油收率高、链烷烃含量高的中东轻质原油加工，以保证乙烯原料的优质化；也可考虑适当进口轻烃，以补充乙烯原料的不足和增加生产的灵活性。

目前，乙烯生产原料的发展趋势有两个，一是原料趋于多样化；二是原料中的轻烃比例增加。

三、裂解过程的操作条件

（一）裂解温度

从热力学分析，烃类裂解是强吸热反应，需要在高温下才能进行。提高温度有利于断链和脱氢生成低级烯烃的一次反应，但同时温度越高，对烃类分解成炭和氢的二次反应也越有利，即二次反应在热力学上占优势；从动力学分析，烃类高温裂解生成乙烯（一次反应）的反应速度较烃类分解成炭和氢（二次反应）的反应速度快，即一次反应在动力学上占优势。所以，应从热力学和动力学两方面综合考虑，确定一个适宜的温度范围。

一般当温度低于750℃时，生成乙烯的可能性较小，或者说乙烯收率较低；但当反应温度太高，特别是超过900℃时，甚至达到1100℃时，对结焦和生炭等二次反应极为有利。因此，理论上烃类裂解制乙烯的温度一般选择750~900℃之间的高温。因为高温有利于一次反应的化学平衡，同时将反应限制在较短时间范围内，使烃类分解生成炭和氢的二次反应来不及进行或进行的很少，因为此反应速度较慢，这样就可以得到较高的乙烯收率。

而实际裂解温度的选择还与裂解原料、产品分布、裂解技术、炉管管材等因素有关。

不同的裂解原料具有不同最适宜的裂解温度，较轻的裂解原料裂解温度较高，较重的裂解原料，裂解温度较低。如某厂乙烷裂解炉的裂解温度是850~870℃，石脑油裂解炉的裂解温度是840~865℃，轻柴油裂解炉的裂解温度是830~860℃；若改变反应温度，裂解反应进行的程度就不同，一次产物的分布也会改变，所以，可以选择不同的裂解温度，达到调整一次产物分布的目的。如裂解目的产物是乙烯，则裂解温度可适当地提高，如果要多产丙烯，裂解温度可适当降低；提高裂解温度还受炉管合金的最高耐热温度的限制，也正是管材合金和加热炉设计方面的进展，使裂解温度可从最初的750℃提高到900℃以上，目前某些裂解炉管已允许壁温达到1115~1150℃，但这不意味着裂解温度可选择1100℃以上，它还要与停留时间相匹配。

（二）停留时间

停留时间是指裂解原料由进入裂解辐射管到离开裂解辐射管所经过的时间。即反应原料在反应管中停留的时间。停留时间一般用 t 来表示，单位为s。

如果裂解原料在反应区停留时间太短，大部分原料还来不及反应就离开了反应区，原料的转化率很低，这样就增加了未反应原料的分离、回收的能量消耗；原料在反应区停留时间过长，对促进一次反应是有利的，故转化率较高，但二次反应更有时间充分进行，一次反应生成的乙烯大部分都发生二次反应而消失，乙烯收率反而下降。同时二次反应的进行生成更多焦和炭，缩短了裂解炉管的运转周期，既浪费了原料，又影响生产的正常进行。所以，选择合适的停留时间，既可使一次反应充分进行，又能有效地抑制并减少二次反应。

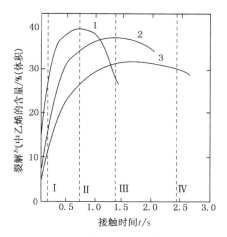

图 3-2　温度和停留时间对
乙烷裂解反应的影响
1—843℃；2—816℃；3—782℃

停留时间的选择主要取决于裂解温度，当停留时间在适宜的范围内，乙烯的生成量较大，而乙烯的损失较小，即有一个最高的乙烯收率称为峰值收率。如图 3-2 中Ⅱ所示。不同的裂解温度，所对应的峰值收率不同，温度越高，乙烯的峰值收率越高，相对应的最适宜的停留时间越短，这是因为二次反应主要发生在转化率较高的裂解后期，如控制很短的停留时间，一次反应产物还没来得及发生二次反应就迅速离开了反应区，从而提高了乙烯的收率。

停留时间的选择除与裂解温度有关外，也与裂解原料和裂解工艺技术等有关，在一定的反应温度下，每一种裂解原料，都有它最适宜的停留时间，如裂解原料较重，则停留时间应短一些，原料较轻则可选择稍长一些；20 世纪 50 年代由于受裂解技术限制，停留时间为 1.8~2.5s（二程炉管），目前一般为 0.15~0.25s（二程炉管），单程炉管可达 0.1s 以下，即以毫秒（ms）计。

（三）裂解反应的压力

1. 压力对平衡转化率的影响

烃类裂解的一次反应是分子数增加的反应，降低压力对反应平衡向正反应方向移动是有利的，但是高温条件下，断链反应的平衡常数很大，几乎接近全部转化，反应是不可逆的，因此，改变压力对断链反应的平衡转化率影响不大。对于脱氢反应，它是一可逆过程，降低压力有利于提高转化率。二次反应中的聚合、脱氢缩合、结焦等二次反应，都是分子数减少的反应。因此，降低压力不利于平衡向产物方向移动，可抑制此类反应的发生。所以从热力学分析可知，降低压力对一次反应有利，而对二次反应不利。

2. 压力对反应速度的影响

烃类裂解的一次反应是单分子反应，其反应速度可表示为：$r_裂 = k_裂 C$。

烃类聚合或缩合反应为多分子反应，其反应速度为：$r_聚 = k_聚 C^n$，$r_缩 = k_缩 C_A C_B$。

压力不能改变速度常数 k 的大小，但能通过改变浓度 C 的大小来改变反应速度 r 的大小。降低压力会使气相中反应物分子的浓度降低，也就减少了反应速度。由以上三式可见，浓度的改变虽对三个反应速度都有影响，但降低的程度不一样，浓度的降低使双分子和多分子反应速度的降低比单分子反应速度要大得多。

所以从动力学分析得出：降低压力可增大一次反应对于二次反应的相对速度。

故无论从热力学还是动力学分析，降低裂解压力对增产乙烯的一次反应有利，可抑制二次反应，从而减轻结焦的程度。

3. 稀释剂的降压作用

如果在生产中直接采用减压操作，因为裂解是在高温下进行的，当某些管件连接不严密时，有可能漏入空气，不仅会使裂解原料和产物部分氧化而造成损失，更严重的是空气与裂解气能形成爆炸性混合物而导致爆炸。另外，如果在此处采用减压操作，而对后继分离部分的裂解气压缩操作就会增加负荷，即增加了能耗。工业上常用的办法是在裂解原料气中添加稀释剂以降低烃分压，而不是降低系统总压。

稀释剂可以是惰性气体(例如氮)或水蒸气。工业上都是用水蒸气作为稀释剂，其优点是：

① 易于从裂解气中分离。水蒸气在急冷时可以冷凝，很容易就实现了稀释剂与裂解气的分离。

② 可以抑制原料中的硫对合金钢管的腐蚀。

③ 可脱除炉管的部分结焦，水蒸气在高温下能与裂解管中沉淀的焦炭发生如下反应：$C+H_2O \longrightarrow H_2+CO$，使固体焦炭生成气体随裂解气离开，延长了炉管运转周期。

④ 减轻了炉管中铁和镍对烃类气体分解生炭的催化作用。水蒸气对金属表面起一定的氧化作用，使金属表面的铁、镍形成氧化物薄膜，可抑制这些金属对烃类气体分解生炭反应的催化作用。

⑤ 稳定炉管裂解温度。水蒸气的热容大，水蒸气升温时耗热较多，稀释水蒸气的加入，可以起到稳定炉管裂解温度、防止炉管过热、保护炉管的作用。

⑥ 降低烃分压的作用明显。稀释蒸汽可降低炉管内的烃分压，水的摩尔质量小，同样质量的水蒸气其分压较大，在总压相同时，烃分压可降低较多。

加入水蒸气的量不是越多越好，增加稀释水蒸气量将增大裂解炉的热负荷，增加燃料的消耗量，增加水蒸气的冷凝量，从而增加能量消耗，同时会降低裂解炉和后部系统设备的生产能力。水蒸气的加入量随裂解原料而异，一般地说，轻质原料裂解时所需稀释蒸汽量可以降低，随着裂解原料变重，为减少结焦所需稀释水蒸气量将增大。

综上所述，石油烃热裂解的操作条件宜采用高温、短停留时间、低烃分压，产生的裂解气要迅速离开反应区，因为裂解炉出口的高温裂解气在出口温度条件下将继续进行裂解反应，使二次反应增加，乙烯损失随之增加，故需将裂解炉出口的高温裂解气加以急冷，当温度降到650℃以下时，裂解反应基本终止。

四、烃类裂解的工艺流程

要实现石油烃热裂解的高温、短停留时间、低烃分压的适宜操作条件及急冷的要求，生产中就需要相配套的设备，目前常用的主要反应设备就是管式裂解炉。

(一) 管式裂解炉

为了提高乙烯收率和降低原料和能量消耗，多年来管式炉技术取得了较大进展，并不断开发出各种新炉型。尽管管式炉有不同形式，但从结构上看，总是包括对流段(或称对流室)和辐射段(或称辐射室)组成的炉体、炉体内适当布置的由耐高温合金钢制成的炉管、燃料燃烧器三个主要部分。图3-3所示为鲁姆斯SRT型加热炉。

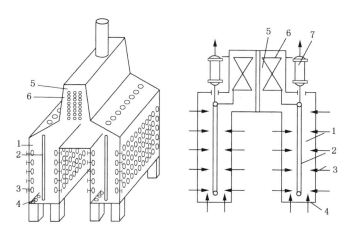

图 3-3 鲁姆斯 SRT 型裂解炉基本结构

1—辐射段；2—垂直辐射管；3—侧壁燃烧器；4—底部燃烧器；5—对流段；6—对流管；7—急冷锅炉

1. 炉体

炉体由两部分组成，即对流段和辐射段。对流段内设有数组水平放置的换热管用来预热原料、工艺上用的稀释水蒸气、急冷锅炉进水和过热的高压蒸汽等；辐射段由耐火砖（里层）和隔热砖（外层）砌成，在辐射段炉墙或底部的一定部位安装有一定数量的燃烧器，所以辐射段又称为燃烧室或炉膛，裂解炉管垂直放置在辐射室中央。为放置炉管，还有一些附件如管架、吊钩等。

2. 炉管

炉管前一部分安置在对流段的称为对流管，对流管内物料被管外的高温烟道气以对流方式进行加热并汽化，达到裂解反应温度后进入辐射管，故对流管又称为预热管。炉管后一部分安置在辐射段的称为辐射管，通过燃料燃烧的高温火焰、产生的烟道气、炉墙辐射加热将热量经辐射管管壁传给物料，裂解反应在该管内进行，故辐射管又称为反应管。

在管式炉运行时，裂解原料的流向是先进入对流管，再进入辐射管，反应后的裂解产物离开裂解炉经急冷锅炉给于急冷。燃料在燃烧器燃烧后，则先在辐射段生成高温烟道气并向辐射管提供大部分反应所需热量。然后，烟道气再进入对流段，把余热提供给刚进入对流管内的物料，然后经烟道从烟囱排放。烟道气和物料是逆向流动的，这样热量利用更为合理。

3. 燃烧器

燃烧器又称为烧嘴，它是管式炉的重要部件之一。管式炉所需的热量是通过燃料在燃烧器中燃烧得到的。性能优良的烧嘴不仅对炉子的热效率、炉管热强度和加热均匀性起着十分重要的作用，而且使炉体外形尺寸缩小、结构紧凑、燃料消耗低，烟气中 NO_x 等有害气体含量低。烧嘴因其所安装的位置不同分为底部烧嘴和侧壁烧嘴。管式裂解炉的烧嘴设置方式可分为三种：一是全部由底部烧嘴供热；二是全部由侧壁烧嘴供热；三是由底部和侧壁烧嘴联合供热。按所用燃料不同，燃烧器又分为气体燃烧器、液体（油）燃烧器和气油联合燃烧器。

工业装置中所采用的管式炉裂解技术有十几种，常用的有鲁姆斯公司的 SRT（短停留时间)型裂解炉、凯洛格公司的毫秒裂解炉、斯通-韦伯斯特公司的USC(超选择性)裂解炉、KIT公司的GK裂解炉和林德公司的LSCC裂解炉等。

（二）裂解气急冷

从裂解管出来的裂解气是富含烯烃的气体和大量的水蒸气，温度为727~927℃，烯烃反应性很强，若任它们在高温下长时间停留，仍会发生二次反应，引起结焦，烯烃收率下降及生成经济价值不高的副产物，因此，必须使裂解气急冷以终止反应。

急冷的方法有两种，一种是直接急冷，另一种是间接急冷。直接急冷用急冷剂与裂解气直接接触，急冷剂用油或水，急冷下来的油水密度相差不大，分离困难，污水量大，不能回收高品位的热量。

采用间接急冷的目的首先是回收高品位的热量，产生高压水蒸气作动力能源以驱动压缩机(裂解气、乙烯、丙烯)、汽轮机发电及高压水泵等机械，同时终止二次反应，间接急冷虽然比直接急冷能回收高品位能量和减少污水对环境的污染，但急冷换热器技术要求很高，裂解气的压力损失也较大，而直接急冷的压力损失就较小。

生产中一般都先采用间接急冷，即裂解产物先进急冷换热器，取走热量，然后采用直接急冷，即油洗和水洗来降温。

油洗的作用一是将裂解气继续冷却，并回收其热量；二是使裂解气中的重质油和轻质油冷凝洗涤下来回收，然后送去水洗。水洗的作用一是将裂解气继续降温到40℃左右，二是将裂解气中所含的稀释蒸汽冷凝下来，并将油洗时没有冷凝下来的一部分轻质油也冷凝下来，同时也可回收部分热量。

裂解原料的不同直接急冷方式有所不同，如裂解原料为气体，则适合的直接急冷方式为"水急冷"，而裂解原料为液体时，适合的直接急冷方式为"先油后水"。

（三）裂解炉的结焦与清焦

1. 裂解炉和急冷锅炉的结焦

虽然我们在选择裂解时尽可能抑制二次反应，但生焦反应在较低的温度下即可以发生，所以，在裂解和急冷过程中不可避免地会发生二次反应，最终会结焦，积附在裂解炉管的内壁上和急冷锅炉换热管的内壁上。

随着裂解炉运行时间的延长，焦的积累量不断地增加，有时结成坚硬的环状焦层，使炉管内径变小，阻力增大，进料压力增加；另外，由于焦层导热系数比合金钢低，有焦层的地方局部热阻大，导致反应管外壁温度升高，一是增加了燃料消耗，二是影响反应管的寿命，同时破坏了裂解的最佳工况，故在炉管结焦到一定程度时应及时清焦。

当急冷锅炉出现结焦时，除阻力较大外，还引起急冷锅炉出口裂解气温度上升，以致减少副产高压蒸汽的回收，并加大急冷油系统的负荷。

2. 裂解炉和急冷锅炉的清焦

当出现下列任一情况时，应进行清焦：

① 裂解炉管管壁温度超过设计规定值。

② 裂解炉辐射段入口压力增加值超过设计值。

③ 废热锅炉出口温度超过设计允许值，或废热锅炉进出口压差超过设计允许值。

清焦方法有停炉清焦和不停炉清焦法(也称在线清焦)。停炉清焦法是将进料及出口裂解气切断(离线)后,将裂解炉和急冷锅炉停车拆开,分别进行除焦,用惰性气体和水蒸气清扫管线,逐渐降低炉温,然后通入空气和水蒸气烧焦。其化学反应为:

$$C+O_2 \longrightarrow CO_2$$
$$C+H_2O \longrightarrow CO+H_2$$
$$CO+H_2O \longrightarrow CO_2+H_2$$

由于氧化(燃烧)反应是强放热反应,故需加入水蒸气以稀释空气中氧的浓度,减慢燃烧速度。烧焦期间不断检查出口尾气的二氧化碳含量,当二氧化碳浓度降至0.2%以下时,可以认为在此温度下烧焦结束。在烧焦过程中裂解管出口温度必须严格控制,不能超过750℃,以防烧坏炉管。

停炉清焦需3~4天时间,这样会减少全年的运转日数,设备生产能力不能充分发挥。不停炉清焦是一个改进。它有交替裂解法、水蒸气法清焦法等。交替裂解法是使用重质原料(如轻柴油等)裂解一段时间后有较多的焦生成,需要清焦时切换轻质原料(如乙烷)去裂解,并加入大量的水蒸气,这样可以起到裂解和清焦的作用。当压降减少后(焦已大部分被清除),再切换为原来的裂解原料。水蒸气清焦是定期将原料切换成水蒸气,方法同上,也能达到不停炉清焦的目的。对整个裂解炉系统,可以将炉管组轮流进行清焦操作。不停炉清焦时间一般在24h之内,这样裂解炉运转周期大为增加。

在裂解炉进行清焦操作时,废热锅炉均在一定程度上可以清理部分焦垢,管内焦炭不能完全用燃烧方法清除,所以,一般需要在裂解炉1~2次清焦周期内对废热锅炉进行水力清焦或机械清焦。

此外,近年研究添加结焦抑制剂,以抑制焦的生成。添加结焦抑制剂能起到减弱结焦的效果,但当裂解温度较高时(例如850℃),温度对结焦的生成是主要的影响因素,抑制剂的作用就无能为力了。

(四)裂解工艺流程

不同的裂解技术,是工艺流程也不同,但原理上基本一致。现以常用的鲁姆斯裂解技术为例,以轻柴油为原料的裂解工艺流程包括原料供给和预热系统、裂解和高压水蒸气系统、急冷油和燃料油系统、急冷水和稀释水蒸气系统等四大部分。不包括压缩、深冷分离系统。图3-4所示是轻柴油裂解工艺流程。

1. 原料油供给和预热系统

原料油从储罐1经换热器3和4与过热的急冷水和急冷油热交换后进入裂解炉的预热段。原料油供给必须保持连续、稳定,否则直接影响裂解操作的稳定性,甚至有损毁炉管的危险。因此,原料油泵须有备用泵及自动切换装置。

2. 裂解和高压蒸汽系统

预热过的原料油进入对流段初步预热后与稀释蒸汽混合,再进入裂解炉的第二预热段预热到一定温度,然后进入裂解炉辐射段5进行裂解。炉管出口的高温裂解气迅速进入急冷换热器6中,使裂解反应很快终止。

急冷换热器的给水先在对流段预热并局部汽化后送入高压汽包7,靠自然对流流入急冷换热器6中,产生11MPa的高压水蒸气,从汽包送出的高压水蒸气进入裂解炉预热段过热,过热至470℃后供压缩机的蒸汽透平使用。

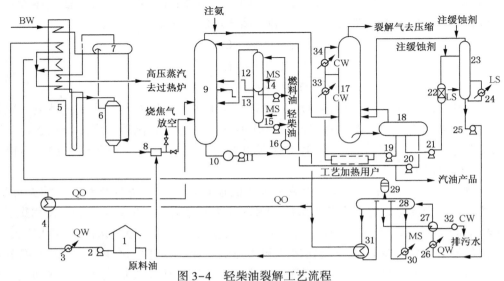

图 3-4 轻柴油裂解工艺流程

1—原料油储罐；2—原料油泵；3、4—原料油预热器；5—裂解炉；6—急冷换热器；
7—汽包；8—急冷器；9—油洗塔；10—急冷油过滤器；11—急冷油循环泵；12—燃料油汽提塔；
13—裂解轻柴油汽提塔；14—燃料油输送泵；15—裂解轻柴油输送泵；16—燃料油过滤器；
17—水洗塔；18—油水分离器；19—急冷水循环泵；20—汽油回流泵；21—工艺水泵；22—工艺水过滤器；
23—工艺水汽提塔；24—再沸器；25—稀释蒸汽发生器给水泵；26、27—预热器；28—稀释蒸汽发生
器汽包；29—分离器；30—中压蒸汽加热器；31—急冷油加热器；32—排污水冷却器；33、34—急冷水
冷却器；QW—急冷水；CW—冷却水；MS—中压水蒸气；LS—低压水蒸气；QO—急冷油；BW—锅炉给水

3. 急冷油和燃料油系统

从急冷换热器 6 出来的裂解气再去油急冷器 8 中用急冷油直接喷淋冷却，然后与急冷油一起进入油洗塔 9，塔顶出来的气体为氢、气态烃和裂解汽油以及稀释水蒸气和酸性气体。

裂解轻柴油从油洗塔 9 的侧线采出，经汽提塔 13 汽提其中的轻组分后，作为裂解轻柴油产品。裂解轻柴油含有大量的烷基萘，是制萘的好原料，常称为制萘馏分。塔釜采出重质燃料油。自油洗塔釜采出的重质燃料油，一部分经汽提塔 12 汽提出其中的轻组分后，作为重质燃料油产品送出，大部分则作为循环急冷油使用。循环急冷油分两股进行冷却，一股用来预热原料轻柴油之后，返回油洗塔作为塔的中段回流，另一股用来发生低压稀释蒸汽 31，急冷油本身被冷却后循环送至急冷器作为急冷介质，对裂解气进行冷却。

急冷油系统常会出现结焦堵塞而危及装置的稳定运转，结焦产生原因有二：一是急冷油与裂解气接触后超过 300℃时不稳定，会逐步缩聚成易于结焦的聚合物，二是不可避免地由裂解管、急冷换热器带来焦粒。因此，在急冷油系统内设置 6mm 滤网的过滤器 10，并在急冷器油喷嘴前设较大孔径的滤网和燃料油过滤器 16。

4. 急冷水和稀释水蒸气系统

裂解气在油洗塔 9 中脱除重质燃料油和裂解轻柴油后，由塔顶采出进入水洗塔 17，此塔的塔顶和中段用急冷水喷淋，使裂解气冷却，其中一部分的稀释水蒸气和裂解汽油就冷凝下来。冷凝下来的油水混合物由塔釜引至油水分离器 18，分离出的水一部分供工艺加热用，冷却后的水再经急冷水换热器 33 和 34 冷却后，分别作为水洗塔 17 的塔顶和中段回流，此

部分的水称为急冷循环水，另一部分相当于稀释水蒸气的水量，由工艺水泵 21 经过滤器 22 送入汽提塔 23，将工艺水中的轻烃汽提回水洗塔 17，保证塔釜中含油少于 $100\mu g/g$。此工艺水由稀释水蒸气发生器给水泵 25 送入稀释水蒸气发生器汽包 28，再分别由中压水蒸气加热器 30 和急冷油换热器 31 加热汽化产生稀释水蒸气，经气液分离器 29 分离后再送入裂解炉。这种稀释水蒸气循环使用系统，节约了新鲜的锅炉给水，也减少了污水的排放量。

油水分离槽 18 分离出的汽油，一部分由泵 20 送至油洗塔 9 作为塔顶回流而循环使用，另一部分从裂解中分离出的裂解汽油作为产品送出。

经脱除绝大部分水蒸气和裂解汽油的裂解气，温度约为 40℃ 送至裂解气压缩系统。

第二节　裂解气的分离

一、裂解气的组成及分离方法

（一）裂解气的组成及分离要求

石油烃裂解的气态产品——裂解气是一个多组分的气体混合物，其中含有许多低级烃类，主要是甲烷、乙烯、乙烷、丙烯、丙烷与碳四、碳五等烃类，此外还有氢气和少量杂质如硫化氢和二氧化碳、水分、炔烃、一氧化碳等，其具体组成随裂解原料、裂解方法和裂解条件不同而异。表 3-1 列出了用不同裂解原料所得裂解气的组成。

表 3-1　不同裂解原料得到的几种裂解气组成　　　　　%（体积）

组　　分	原料来源		
	乙烷裂解	石脑油裂解	轻柴油裂解
H_2	34.0	14.09	13.18
$CO+CO_2+H_2S$	0.19	0.32	0.27
CH_4	4.39	26.78	21.24
C_2H_2	0.19	0.41	0.37
C_2H_4	31.51	26.10	29.34
C_2H_6	24.35	5.78	7.58
C_3H_4		0.48	0.54
C_3H_6	0.76	10.30	11.42
C_3H_8		0.34	0.36
C_4	0.18	4.85	5.21
C_5	0.09	1.04	0.51
$\geq C_6$		4.53	4.58
H_2O	4.36	4.98	5.40

要得到高纯度单一的烃，如重要的石油化工产品乙烯、丙烯等，就需要将它们与其他烃类和杂质等分离开来，并根据工业上的需要，使之达到一定的纯度，这一操作过程，称为裂解气的分离。

各种石油化工产品的合成，对于原料纯度的要求是不同的。有的产品对原料纯度要求不高，例如，用乙烯与苯烷基化生产乙苯时，对乙烯纯度要求不太高。对于聚合用的乙烯和丙烯的质量要求则很严，生产聚乙烯、聚丙烯要求乙烯、丙烯纯度在 99.9% 或 99.5% 以上，其中有机杂质不允许超过 $5\sim10\mu g/g$。这就要求对裂解气进行精细的分离和提纯，所以分离的程度可根据后续产品合成的要求来确定。

（二）裂解气分离方法简介

裂解气的分离和提纯工艺是以精馏分离的方法完成的。精馏方法要求将组分冷凝为液态。甲烷和氢气不容易液化，C_2 以上的馏分相对地比较容易液化。因此，裂解气在除去甲烷、氢气以后，其他组分的分离就比较容易。所以分离过程的主要矛盾是如何将裂解气中的甲烷和氢气先行分离。解决这对矛盾的不同措施，便构成了不同的分离方法。

工业生产上采用的裂解气分离方法，主要有深冷分离和油吸收精馏分离两种。

油吸收法是利用裂解气中各组分在某种吸收剂中的溶解度不同，用吸收剂吸收除甲烷和氢气以外的其他组分，然后用精馏的方法把各组分从吸收剂中逐一分离。此方法流程简单，动力设备少，投资少，但技术经济指标和产品纯度差，现已被淘汰。

工业上一般把冷冻温度高于-50℃称为浅度冷冻（简称浅冷）；而在-50～-100℃之间称为中度冷冻；把等于或低于-100℃称为深度冷冻（简称深冷）。

深冷分离是在-100℃左右的低温下，将裂解气中除了氢和甲烷以外的其他烃类全部冷凝下来。然后利用裂解气中各种烃类的相对挥发度不同，在合适的温度和压力下，以精馏的方法将各组分分离开来，达到分离的目的。因为这种分离方法采用了-100℃以下的冷冻系统，故称为深度冷冻分离，简称深冷分离。

深冷分离法是目前工业生产中广泛采用的分离方法。它的经济技术指标先进，产品纯度高，分离效果好，但投资较大，流程复杂，动力设备较多，需要大量的耐低温合金钢。因此，适宜于加工精度高的大工业生产。本章重点介绍裂解气精馏分离的深冷分离方法。

在深冷分离过程中，为把复杂的低沸点混合物分离开来需要有一系列操作过程组合。但无论各操作的顺序如何，总体可概括为三大部分。

1. 压缩和冷冻系统

该系统的任务是加压、降温，以保证分离过程顺利进行。

2. 气体净化系统

为了排除对后继操作的干扰，提高产品的纯度，通常设置有脱酸性气体、脱水、脱炔和脱一氧化碳等操作过程。

3. 低温精馏分离系统

这是深冷分离的核心，其任务是将各组分进行分离并将乙烯、丙烯产品精制提纯。它由一系列塔器构成，如脱甲烷塔、乙烯精馏塔和丙烯精馏塔等。

下面就按以上三大系统顺序，分别详细介绍。

二、压缩与制冷

裂解气分离过程中需加压、降温，所以必须进行压缩与制冷来保证生产的要求。

（一）裂解气的压缩

在深冷分离装置中用低温精馏方法分离裂解气时，需要使裂解气冷凝。如果在常压下冷凝，需要降低到很低的温度。从表3-2中我们可以看出，乙烯在常压下沸点是-104℃，即乙烯气体需冷却到-104℃才能冷凝为液体，这不仅需要大量的冷量，而且要用很多耐低温钢材制造的设备，这无疑增大了投资和能耗，在经济上不够合理。

表 3-2　不同压力下某些组分的沸点　　　　　　　　　　　　℃

压力/kPa 组分	110.3	1013	1519	2026	2523	3039
H_2	−263	−244	−239	−238	−237	−235
CH_4	−162	−129	−114	−107	−101	−95
C_2H_4	−104	−55	−39	−29	−20	−13
C_2H_6	−86	−33	−18	−7	3	11
C_3H_6	−47.7	9	29	37	44	47

但从表 3-2 还看出，当乙烯加压到 1013kPa 时，只需冷却到−55℃即可。所以生产中根据物质的冷凝温度随压力增加而升高的规律，可对裂解气加压，从而使各组分的冷凝点升高，即提高深冷分离的操作温度，这既有利于分离，又可节约冷冻量和低温材料。

同时对裂解气压缩冷却，还能除掉相当量的水分和重质烃，以减少后继干燥及低温分离的负担。提高裂解气压力还有利于裂解气的干燥过程，提高干燥过程的操作压力，可以提高干燥剂的吸湿量，减少干燥器直径和干燥剂用量，提高干燥度。所以，裂解气的分离首先需进行压缩。

裂解气经压缩后，不仅会使压力升高，而且气体温度也会升高。为避免压缩过程温升过大造成裂解气中双烯烃，尤其是丁二烯之类的二烯烃在较高的温度下发生大量的聚合，以至形成聚合物堵塞叶轮流道和密封件，裂解气压缩后的气体温度必须要限制，压缩机出口温度一般不能超过 100℃，在生产上主要是通过裂解气的多段压缩和段间冷却相结合的方法来实现。

在多段压缩中，被压缩机吸入的气体先进行一段压缩，压缩后压力、温度均升高，经冷却，降低气体温度并分离出凝液，再进行二段压缩，以此类推。压缩机每段气体出口温度都不高于规定范围。

裂解气段间冷却通常采用水冷，相应各段入口温度一般为 38~40℃左右。采用多段压缩可以节省压缩做功的能量，效率也可提高，根据深冷分离法对裂解气的压力要求及裂解气压缩过程中的特点，目前工业上对裂解气大多采用三段至五段压缩。

同时，压缩机采用多段压缩可减少压缩比，也便于在压缩段之间进行净化与分离，例如脱酸性气体、干燥和脱重组分可以安排在段间进行。

（二）制冷

深冷分离裂解气需要把温度降到−100℃以下。为此，需向裂解气提供低于环境温度的冷剂。获得冷量的过程称为制冷。深冷分离中常用的制冷方法有两种：冷冻循环制冷和节流膨胀制冷。现主要介绍冷冻循环制冷。

冷冻循环制冷的原理是利用制冷剂自液态汽化时，要从物料或中间物料吸收热量因而使物料温度降低的过程。所吸收的热量，在热值上等于它的汽化潜热。液体的汽化温度（即沸点）是随压力的变化而改变的，压力越低，相应的汽化温度也越低。

1. 氨蒸气压缩制冷

氨蒸气压缩制冷系统可由四个基本过程组成，如图 3-5 所示。

（1）蒸发

在低压下液氨的沸点很低，如压力为 0.12MPa 时沸点为−30℃。液氨在此条件下，在蒸

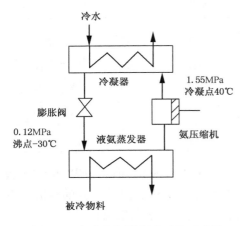

冷水

冷凝器

膨胀阀

1.55MPa
冷凝点40℃

0.12MPa
沸点-30℃

液氨蒸发器

氨压缩机

被冷物料

图 3-5　氨蒸气压缩制冷系统示意图

发器中蒸发变成氨蒸气，则必须从通入液氨蒸发器的被冷物料中吸取热量，产生制冷效果，使被冷物料冷却到接近-30℃。

（2）压缩

蒸发器中所得的是低温、低压的氨蒸气。为了使其液化，首先通过氨压缩机压缩，使氨蒸气压力升高。

（3）冷凝

高压下的氨蒸气的冷凝点是比较高的。例如，把氨蒸气加压到 1.55MPa 时，其冷凝点是 40℃，此时，可用普通冷水做冷却剂，使氨蒸气在冷凝器中变为液氨。

（4）膨胀

若液氨在 1.55MPa 压力下汽化，由于沸点为 40℃，不能得到低温，为此，必须把高压下的液氨，通过节流阀降压到 0.12MPa，若在此压力下汽化，温度可降到-30℃。节流膨胀后形成低压，低温的气液混合物进入蒸发器。在此液氨又重新开始下一次低温蒸发，形成一个闭合循环操作过程。

氨通过上述四个过程构成了一个循环，称之为冷冻循环。这一循环必须由外界向循环系统输入压缩功才能进行，因此，这一循环过程是消耗了机械功换得了冷量。

氨是上述冷冻循环中完成转移热量的一种介质，工业上称为制冷剂或冷冻剂，冷冻剂本身物理化学性质决定了制冷温度的范围。如液氨降压到 0.098MPa 时进行蒸发，其蒸发温度为-33.4℃，如果降压到 0.011MPa，其蒸发温度为-40℃，但是在负压下操作是不安全的。因此，用氨作制冷剂不能获得-100℃的低温，所以要获得-100℃的低温，必须用沸点更低的气体作为制冷剂。

原则上，沸点低的物质都可以用作制冷剂，而实际选用时，则需选用可以降低制冷装置投资、运转效率高，来源容易、毒性小的制冷剂。对乙烯装置而言，乙烯和丙烯为本装置产品，已有储存设施，且乙烯和丙烯已具有良好的热力学特性，因而均选用乙烯和丙烯作为制冷剂。在装置开工初期尚无乙烯产品时，可用混合 C_2 馏分代替乙烯作为制冷剂，待生产出合格乙烯后再逐步置换为乙烯。

2. 丙烯制冷系统

由表 3-2 看出，丙烯的常压沸点是-47.7℃，1.864MPa 的条件下，丙烯的冷凝点为 45℃，如果将氨制冷循环中的氨改为丙烯，则在裂解气分离装置中，丙烯制冷系统可为装置提供-40℃以上温度级的冷量，同时加压到 1.864MPa 时，可以用普通冷水进行冷凝。但仍然不能提供-100℃的冷量。

3. 乙烯制冷系统

由表 3-2 看出，乙烯常压沸点-104℃，所以用乙烯可以提供-100℃的冷量。实际生产中乙烯制冷系统用于提供裂解气低温分离装置所需-40～-102℃各温度级的冷量。其主要冷量用户为裂解气在冷箱中的预冷以及脱甲烷塔塔顶冷凝。如对高压脱甲烷的顺序分离流程，乙烯制冷系统冷量的 30%～40% 用于脱甲烷塔塔顶冷凝，其余 60%～70% 用于裂解气脱甲烷塔进料的预冷。大多数乙烯制冷系统均采用三级节流的制冷循环，相应提供三个温度级的冷量，通常提供-50℃、-70℃、100℃左右三个温度级的冷量。

4. 乙烯-丙烯复迭制冷

用乙烯作制冷剂构成冷冻循环制冷中，维持压力不低于常压的条件下，其蒸发温度可降到-104℃左右，即乙烯作制冷剂可以获得-100℃的低温条件，但是乙烯的临界温度为9.9℃，临界压力为5.15MPa，在此温度之上，不论压力多大，也不能使其液化，即乙烯冷凝温度必须低于其临界温度9.9℃，所以不能用普通冷却水使之液化。为此，乙烯冷冻循环制冷中的冷凝器需要使用制冷剂冷却。工业生产中常采用丙烯作制冷剂来冷却乙烯，这样丙烯的冷冻循环和乙烯冷冻循环制冷组合在一起，构成乙烯-丙烯复迭制冷，如图3-6所示。

在乙烯-丙烯复迭制冷循环中，冷水在换热器2中向丙烯供冷，带走丙烯冷凝时放出的热量，丙烯被冷凝为液体，然后，经节流膨胀降温，在复迭换热器中汽化，此时向乙烯气供冷，带走乙烯冷凝时放出的热量，乙烯气变为液态乙烯，液态乙烯经膨胀阀降压到换热器1中汽化，向被冷物料供冷，可使被冷物料冷却到-100℃左右。在图3-6中可以看出，复迭换热器既是丙烯的蒸发器(向乙烯供冷)，又是乙烯的冷凝器(向丙烯供热)。当然，在复迭换热器中一定要有温差存在，即丙烯的蒸发温度一定要比乙烯的冷凝温度低，才能组成复迭制冷循环。

用乙烯作制冷剂在正压下操作，不能获得-103℃以下的制冷温度。生产中需要-103℃以下的低温时，可采用沸点更低的制冷剂，如甲烷在常压下沸点是-161.5℃，因而可制取-160℃温度级的冷量。但是由于甲烷的临界温度是-82.5℃，若要构成冷冻循环制冷，需用乙烯作制冷剂为其冷凝器提供冷量，这样就构成了甲烷-乙烯-丙烯三元复迭制冷。在这个系统中，冷水向丙烯供冷，丙烯向乙烯供冷，乙烯向甲烷供冷，甲烷向低于-100℃的冷量用户供冷。

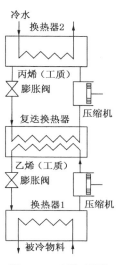

图3-6 乙烯-丙烯复迭制冷示意图

三、气体净化

裂解气在深冷精馏前首先要脱除其中所含杂质，包括脱酸性气体、脱水、脱炔和脱一氧化碳等。

(一)酸性气体的脱除

裂解气中的酸性气体主要是指 CO_2、H_2S 和其他气态硫化物。此外，尚含有少量的有机硫化物，如氧硫化碳(COS)、二硫化碳(CS_2)、硫醚(RSR′)、硫醇(RSH)、噻吩等，也可以在脱酸性气体操作过程中除之。

1. 酸性气体的来源

裂解气中的酸性气主要来自以下几个方面：

① 气体裂解原料带入的气体硫化物和 CO_2。

② 液体裂解原料中所含硫化物在高温下与氢或水蒸气反应生成 H_2S 和 CO_2，如：

$$RSH+H_2 \longrightarrow RH+H_2S$$
$$CS_2+2H_2O \longrightarrow CO_2+H_2S$$

$$COS+H_2O \longrightarrow CO_2+H_2S$$

③ 裂解原料烃与水蒸气反应，如：

$$CH_4+H_2O \longrightarrow CO_2+4H_2$$

④ 炉管中的结炭与水蒸气反应，如：

$$C+2H_2O \longrightarrow CO_2+2H_2$$

2. 酸性气体的危害

这些酸性气体含量过多时，对裂解气分离装置以及乙烯和丙烯衍生物加工装置都会带来很大危害。对裂解气分离装置而言，H_2S 能腐蚀设备管道，使干燥用的分子筛寿命缩短，还能使加氢脱炔用的催化剂中毒；CO_2 则在深冷操作中会结成干冰，堵塞设备和管道，影响正常生产。酸性气体杂质对于乙烯或丙烯的进一步利用也有危害，例如，生产低压聚乙烯时，二氧化碳和硫化物会破坏聚合催化剂的活性。生产高压聚乙烯时，二氧化碳在循环乙烯中积累，降低乙烯的有效压力，从而影响聚合速度和聚乙烯的相对分子质量。所以必须将这些酸性气体脱除。

3. 脱除的方法

工业生产中，一般采用吸收法脱除酸性气体，即在吸收塔内让吸收剂和裂解气进行逆流接触，裂解气中的酸性气体则有选择性地进入吸收剂中或与吸收剂发生化学反应。工业生产中常采用的吸收剂有 NaOH 或乙醇胺，用 NaOH 脱酸性气体的方法称碱洗法，用乙醇胺脱酸性气体的方法称乙醇胺法。两种方法具体情况比较见表 3-3。

（二）脱水

在乙烯生产过程中，为避免水分在低温分离系统中结冰或形成水合物，堵塞管道和设备，需要对裂解气、氢气、乙烯和丙烯进行脱水处理，以保证乙烯生产装置的稳定运行，并保证产品乙烯和丙烯中水分达到规定值。

表 3-3　碱洗法与醇胺法脱除酸性气体的比较

方　法	碱　洗　法	醇　胺　法
吸收剂 原理	氢氧化钠（NaOH） $CO_2+2NaOH \longrightarrow Na_2CO_3+H_2O$ $H_2S+2NaOH \longrightarrow Na_2S+2H_2O$	乙醇胺（$HOCH_2CH_2NH_2$） $2HOCH_2CH_2NH+H_2S \rightleftharpoons (HOCH_2CH_2NH_3)_2S$ $2HOCH_2CH_2NH_2+CO_2 \rightleftharpoons (HOCH_2CH_2NH_3)_2CO_3$
优点 缺点	对酸性气体吸收彻底 碱液不能回收，消耗量较大	吸收剂可再生循环使用，吸收液消耗少 （1）醇胺法吸收不如碱洗彻底 （2）醇胺法对设备材质要求高，投资相应增大 （醇胺水溶液呈碱性，但当有酸性气体存在时，溶液 pH 值急剧下降，从而对碳钢设备产生腐蚀） （3）醇胺溶液可吸收丁二烯和其他双烯烃 （吸收双烯烃的吸收剂在高温下再生时易生成聚合物，由此既造成系统结垢，又损失了丁二烯）
适用情况	裂解气中酸性气体含量少时	裂解气中酸性气体含量多时

1. 裂解气脱水

裂解气脱水的相关问题见表 3-4。

表 3-4　裂解气脱水问题总结

水 的 来 源	水 的 危 害	脱水的方法
由于裂解原料在裂解时加入一定量的稀释蒸汽,所得裂解气经急冷水洗和脱酸性气体的碱洗等处理,裂解气中不可避免地带一定量的水(约 400~700μg/g)	在低温分离时,水会凝结成冰;另外,在一定压力和温度下,水还能与烃类生成白色的晶体水合物,水合物在高压低温下是稳定的 冰和水合物结在管壁上,轻则增大动力消耗,重者使管道堵塞,影响正常生产	工业上对裂解气进行深度干燥的方法很多,主要采用固体吸附方法。吸附剂有硅胶活性氧化铝、分子筛等。目前广泛采用的效果较好的是分子筛吸附剂

2. 氢气脱水

裂解气中分离出的氢气用于 C_2 馏分和 C_3 馏分加氢的氢源时,也必须经干燥脱水处理,否则会影响加氢效果,同时水分带入低温系统也会造成冻堵。氢气中多数水分是甲烷化法脱 CO 时产生的。

3. C_2 馏分脱水

实际生产中,C_2 馏分加氢后物料中大约有 $3μg/g$ 左右的含水量,因此,通常在乙烯精馏塔进料前设置 C_2 馏分干燥器。

4. C_3 馏分脱水

当部分未经干燥脱水的物料进入脱丙烷塔时,脱丙烷塔顶采出的 C_3 馏分含相当水分,必须进行干燥脱水处理。在 C_3 馏分气相加氢时,C_3 馏分的干燥脱水设置在加氢之后,进入丙烯精馏塔之前;在 C_3 馏分液相加氢时,C_3 馏分的干燥脱水一般安排在加氢之前。

(三) 脱炔

1. 炔烃的来源

在裂解反应中,由于烯烃进一步脱氢反应,使裂解气中含有一定量的乙炔,还有少量的丙炔、丙二烯。裂解气中炔烃的含量与裂解原料和裂解条件有关,对一定裂解原料而言,炔烃的含量随裂解深度的提高而增加。在相同裂解深度下,高温短停留时间的操作条件将生成更多的炔烃。

2. 炔烃的危害

少量乙炔、丙炔和丙二烯的存在严重地影响乙烯、丙烯的质量。乙炔的存在还将影响合成催化剂寿命,恶化乙烯聚合物性能,若积累过多还具有爆炸的危险。丙炔和丙二烯的存在,将影响丙烯聚合反应的顺利进行。

3. 脱除的方法

在裂解气分离过程中,裂解气中的乙炔将富集于 C_2 馏分,丙炔和丙二烯将富集于 C_3 馏分。乙炔的脱除方法主要有溶剂吸收法和催化加氢法,溶剂法是采用特定的溶剂选择性将裂解气中少量的乙炔或丙炔和丙二烯吸收到溶剂中,达到净化的目的,同时也相应回收一定量的乙炔。催化加氢法是将裂解气中的乙炔加氢成为乙烯,两种方法各有优缺点。一般在不需要回收乙炔时,都采用催化加氢法脱除乙炔;丙炔和丙二烯的脱除方法主要是催化加氢法,此外一些装置也曾采用精馏法脱除丙烯产品中的炔烃。

(1) 催化加氢除炔的反应原理

选择性催化加氢法是在催化剂存在下,炔烃加氢变成烯烃。它的优点是不会给裂解气和烯烃馏分带入任何新杂质,工艺操作简单,又能将有害的炔烃变成产品烯烃。

C_2 馏分加氢可能发生如下反应：

主反应：$\qquad CH\equiv CH + H_2 \longrightarrow CH_2=CH_2$

副反应：$\qquad CH\equiv CH + 2H_2 \longrightarrow CH_3-CH_3$

$\qquad\qquad\qquad CH_2=CH_2+H_2 \longrightarrow CH_3-CH_3$

乙炔也可能聚合生成二聚、三聚等俗称绿油的物质。

C_3 馏分加氢可能发生下列反应：

主反应：$\qquad CH\equiv C-CH_3 + H_2 \longrightarrow CH_2=CH-CH_3$

$\qquad\qquad\qquad CH_2=C=CH_2+H_2 \longrightarrow CH_2=CH-CH_3$

副反应：$\qquad CH_2=CH-CH_3+H_2 \longrightarrow CH_3-CH_2-CH_3$

$\qquad\qquad\qquad nC_3H_4 \longrightarrow (C_3H_4)n$ 低聚物

$\qquad\qquad\qquad nC_4H_6 \longrightarrow$ 高聚物

生产中希望主反应发生，这样既脱除炔烃，又增加烯烃的收率，而不发生或少发生副反应。因为副反应虽除去了炔烃，乙烯或丙烯却受到损失，远不及主反应那样对生产有利。要实现这样的目的，最主要的是催化剂的选择，工业上脱炔用钯系催化剂为多，它是一种加氢选择性很强的催化剂，其加氢反应难易顺序为：丁二烯>乙炔>丙炔>丙烯>乙烯。

（2）前加氢与后加氢

用催化加氢法脱除裂解气中的炔烃有前加氢和后加氢两种不同的工艺技术。在脱甲烷塔之前进行加氢脱炔称为前加氢，即氢气和甲烷尚没有分离之前进行加氢除炔，前加氢因氢气未分出就进行加氢，加氢用氢气是由裂解气中带入的，不需外加氢气，因此，前加氢又叫做自给加氢；在脱甲烷塔之后进行加氢脱炔称为后加氢，即裂解气中所含氢气、甲烷等轻质馏分分出后，再对分离所得到的 C_2 馏分和 C_3 馏分分别进行加氢的过程，后加氢所需氢气由外部供给。

前加氢由于氢气自给，故流程简单，能量消耗低，但前加氢也有不足之处：

一是加氢过程中乙炔浓度很低，氢分压较高，因此，加氢选择性较差，乙烯损失量多；同时副反应的剧烈发生，不仅造成乙烯、丙烯加氢遭受损失，而且可能导致反应温度的失控，乃至出现催化剂床层温度飞速上升；

二是当原料中乙炔、丙炔、丙二烯共存时，当乙炔脱除到合格指标时，丙炔、丙二烯却达不到要求的脱除指标；

三是在顺序分离流程中，裂解气的所有组分均进入加氢除炔反应器，丁二烯未分出，导致丁二烯损失量较高，此外裂解气中较重组分的存在，对加氢催化剂性能有较大的影响，使催化剂寿命缩短。

后加氢是对裂解气分离得到的 C_2 馏分和 C_3 馏分，分别进行催化选择加氢，将 C_2 馏分中的乙炔，C_3 馏分中的丙炔和丙二烯脱除，其优点有：

一是因为是在脱甲烷塔之后进行，氢气已分出，加氢所用氢气按比例加入，加氢选择性高，乙烯几乎没有损失；

二是加氢产品质量稳定，加氢原料中所含乙炔、丙炔和丙二烯的脱除均能达到指标要求；

三是加氢原料气体中杂质少，催化剂使用周期长，产品纯度也高。

但后加氢属外加氢操作，通入的本装置所产氢气中常含有甲烷。为了保证乙烯的纯度，加氢后还需要将氢气带入的甲烷和剩余的氢脱除，因此，需设第二脱甲烷塔，导致流程复杂，设备费用高。

所以前加氢与后加氢各有其优缺点，目前更多厂家采用后加氢方案，但前脱乙烷分离流程和前脱丙烷分离流程配上前加氢脱炔工艺技术，经济指标也较好。

（四）脱一氧化碳（甲烷化）

1. CO 的来源

裂解气中的一氧化碳是在裂解过程中由如下反应生成的：

焦炭与稀释水蒸气反应：$C+H_2O \longrightarrow CO+H_2$

烃类与稀释水蒸气反应：$CH_4+H_2O \longrightarrow CO+3H_2$

$$C_2H_6+2H_2O \longrightarrow 2CO+5H_2$$

2. CO 的危害

经裂解气低温分离，一氧化碳部分富集于甲烷馏分中，另一部分富集于富氢馏分中。裂解气中少量的 CO 带入富氢馏分中，会使加氢催化剂中毒。另外，随着烯烃聚合高效催化剂的发展，对乙烯和丙烯的 CO 含量的要求也越来越高。因此，脱除富氢馏分中的 CO 是十分必要的。

3. 脱除的方法

乙烯装置中采用的脱除 CO 的方法是甲烷化法，甲烷化法是在催化剂存在的条件下，使裂解气中的一氧化碳催化加氢生成甲烷和水，从而达到脱除 CO 的目的。其主反应方程为：

$$CO+H_2 \longrightarrow CH_4+H_2O$$

该反应是强放热反应，从热力学考虑温度稍低，对化学平衡有利。但温度低，反应速度慢。采用催化剂可以解决二者之间的矛盾，一般采用镍系催化剂。

四、裂解气深冷分离

1. 深冷分离的任务

裂解气经压缩和制冷、净化过程为深冷分离创造了条件（高压、低温、净化）。深冷分离的任务就是根据裂解气中各低碳烃相对挥发度的不同，用精馏的方法逐一进行分离，最后获得纯度符合要求的乙烯和丙烯产品。

主要的精馏塔：

（1）脱甲烷塔

将甲烷、氢与 C_2 馏分及比 C_2 馏分更重的组分进行分离的塔，称为脱甲烷塔，简称脱甲塔。

（2）脱乙烷塔

将 C_2 馏分及比 C_2 馏分更轻的组分与 C_3 馏分及比 C_3 馏分更重的组分进行分离的塔，称为脱乙烷塔，简称脱乙塔。

（3）脱丙烷塔

将 C_3 馏分及比 C_3 馏分更轻的组分与 C_4 馏分及比 C_4 馏分更重组分进行分离的塔，称为脱丙烷塔，简称脱丙塔。

（4）乙烯精馏塔

将乙烯与乙烷进行分离的塔，称乙烯精馏塔，简称乙烯塔。

（5）丙烯精馏塔

将丙烯与丙烷进行分离的塔，称丙烯精馏塔，简称丙烯塔。

2. 三种深冷分离流程

在实际生产中，各精馏塔在深冷分离中所处的位置取决于本地区、本企业的要求的不同，可以构成三种分离流程：顺序分离流程、前脱乙烷深冷分离流程和前脱丙烷深冷分离流程。

（1）顺序深冷分离流程

顺序分离流程是按裂解气中各组分摩尔质量增加的顺序进行分离。先分离甲烷-氢，其次是脱乙烷和乙烯-乙烷的分离，接着是脱丙烷和丙烷-丙烯的分离，最后是脱丁烷的分离，塔底得 C_5 馏分。顺序深冷分离流程见图3-7所示。

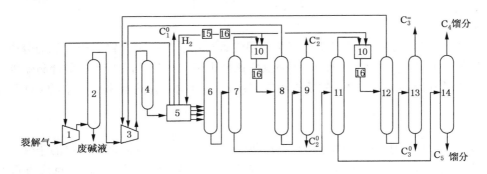

图3-7 顺序分离工艺流程简图

1—压缩Ⅰ、Ⅱ、Ⅲ段；2—碱洗塔；3—压缩Ⅳ、Ⅴ段；4—干燥器；5—冷箱；6—脱甲烷塔；
7—第一脱乙烷塔；8—第二脱甲烷塔；9—乙烯塔；10—加氢反应器；11—脱丙烷塔；
12—第二脱乙烷塔；13—丙烯塔；14—脱丁烷塔；15—甲烷化；16—氢气干燥器

（2）前脱乙烷分离流程

前脱乙烷分离流程是以脱乙烷塔为界限，将物料分成两部分。一部分是轻馏分，即甲烷、氢、乙烷和乙烯等组分；另一部分是重组分，即丙烯、丙烷、丁烯、丁烷以及 C_5 馏分以上的烃类。然后再将这两部分各自进行分离，分别获得所需的烃类，如图3-8所示。

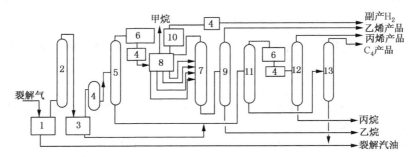

图3-8 前脱乙烷流程工艺流程

1—Ⅰ~Ⅲ段压缩；2—碱洗；3—Ⅳ、Ⅴ段压缩；4—干燥；5—脱乙烷塔；6—催化加氢；
7—脱甲烷塔；8—冷箱；9—乙烯塔；10—甲烷化；11—脱丙烷塔；12—丙烯塔；13—脱丁烷塔

（3）前脱丙烷分离流程

前脱丙烷分离流程是以脱丙烷塔为界限，将物料分为两部分。一部分为丙烷及比丙烷更轻的组分；另一部分为 C_4 馏分及比 C_4 馏分更重的组分。然后再将这两部分各自进行分离，获得所需产品。如图 3-9 所示。

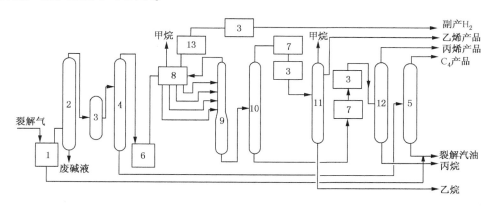

图 3-9　前脱丙烷深冷分离流程图

1—Ⅰ～Ⅲ段压缩；2—碱洗；3—干燥；4—脱丙烷塔；5—脱丁烷塔；6—Ⅳ段压缩；
7—加氢除炔反应；8—冷箱；9—脱甲烷塔；10—脱乙烷塔；11—乙烯塔；12—丙烯塔；13—甲烷化

3. 三种流程的异同点

（1）都采取了先易后难的分离顺序

先将不同碳原子数的烃分开，再分同一碳原子数的烯烃和烷烃。因为不同碳原子数烃的沸点差较大，而同一碳原子数的烯烃和烷烃的沸点差较小，所以，不同碳原子数的烃就容易分离，而相同碳原子数的烯烃和烷烃分离较难。

（2）出产品的乙烯塔与丙烯塔并联安排

成品塔为并联安排，都为二元组分的精馏塔。这样物料比较单纯，容易保证产品纯度。并联安排有利于稳定操作，提高产品质量。

（3）各精馏塔的排列顺序不同

顺序深冷分离流程是按组分碳原子数的顺序排列的，其顺序为：①脱甲烷塔；②脱乙烷塔；③脱丙烷塔，简称为[123]顺序排列，前脱乙烷深冷分离流程的排列顺序为[213]；前脱丙烷深冷分离流程的排列顺序为[312]。

（4）加氢脱炔的位置不同

顺序深冷分离流程一般采用后加氢，前脱乙烷流程一般采用前加氢。

（5）冷箱的位置不同

在脱甲烷塔系统中为了防止低温设备散冷，减少其与环境接触的表面积，常把节流膨胀阀、高效板式换热器、气液分离器等低温设备，封闭在一个有绝热材料做成的箱子中，此箱称为冷箱。按冷箱在流程中所处的位置，可分为前冷（又称前脱氢）和后冷（又称后脱氢）两种。冷箱在脱甲烷塔之前的称为前冷流程，冷箱在脱甲烷塔之后的称为后冷流程。

目前采用前冷流程较多。

第三节　丁二烯的生产

国内外丁二烯的来源主要有两种，一种是从乙烯裂解装置副产的混合 C_4 馏分中抽提得到，另一种是从炼油厂 C_4 馏分脱氢得到。20 世纪 60 年代之后，以石脑油为原料裂解制乙烯技术的迅速发展，在裂解制得乙烯和丙烯的同时可分离得到副产 C_4 馏分（参见图 3-7），为抽提丁二烯提供价格低廉的原料，经济上占优势，因而成为目前世界上丁二烯的主要来源；而脱氢法只在一些丁烷、丁烯资源丰富的少数几个国家采用。全球乙烯副产丁二烯装置的生产能力约占总生产能力的 92%，其余 8% 来自正丁烷和正丁烯的脱氢工艺。

一、萃取精馏的基本原理

C_4 馏分中各组分的沸点极为接近（见表 3-5），有的还与丁二烯形成共沸物。无论是乙烯裂解装置副产 C_4 馏分还是丁烯氧化脱氢所得的 C_4 馏分，要从其中分离出高纯度的丁二烯，用普通精馏的方法是十分困难的，一般须采用特殊的分离方法，目前工业上广泛采用萃取精馏和普通精馏相结合的方法。

萃取精馏法与一般精馏不同之处，在于萃取精馏是在精馏塔中，加入某种选择性溶剂（萃取剂），这种溶剂对精馏系统中的某一组分具有较大的溶解能力，而对其他组分溶解能力较小。这样，使分子间的距离加大，分子间作用力发生改变，被分离组分之间的相对挥发度差值增大，使精馏分离变得容易进行。其结果使易溶的组分随溶剂一起由塔釜排出，未被萃取下来的组分由塔顶逸出，以达到分离的目的。

由表 3-5 和表 3-6 可以看出，未加溶剂之前，顺-2-丁烯、反-2-丁烯等相对挥发度都 <1，说明它们都比丁二烯难挥发，但当加入溶剂以后，顺-2-丁烯、反-2-丁烯等相对挥发度却>1，这说明它们比丁二烯更易挥发，这是因为溶剂对丁二烯有选择性溶解能力，从而使丁二烯较难挥发而造成的。其他 C_4 烃的相对挥发度也有改变，更利于分离。

表 3-5　C_4 馏分中各组分的沸点和相对挥发度（未加溶剂）

组　分	异丁烷	异丁烯	1-丁烯	丁二烯	正丁烷	反-2-丁烯	顺-2-丁烯
沸点/℃	−11.57	−6.74	−6.1	−4.24	−0.34	−0.34	3.88
相对挥发度	1.18	1.030	1.031	1.000	0.886	0.845	0.805

表 3-6　50℃时 C_4 馏分在各溶剂中相对挥发度［溶剂浓度（无水）100%］

组　分	乙　腈	二甲基甲酰胺	N-甲基吡咯烷酮
1-丁烯	1.92	2.17	2.38
丁二烯	1.00	1.00	1.00
正丁烷	3.13	3.43	3.66
反-2-丁烯	1.59	2.17	1.90
顺-2-丁烯	1.45	1.76	1.63

二、萃取精馏操作时应注意的问题

萃取精馏的最大特点是加入了萃取剂，而且萃取剂的用量较多，沸点又高，所以在塔内各板上，基本维持一个固定的浓度值，此值为溶剂恒定浓度，一般为 70%~80% 左右。而且要使萃取被组分和萃取剂完全互溶，严防分层，否则会使操作恶化，达不到分离要求。根据这一特点，在进行萃取精馏操作时应注意以下几点：

1. 必须严格控制好溶剂比

溶剂比指溶剂量与加料量之比，通常情况下，溶剂比增大，选择性明显提高，分离越容易进行。但是，过大的溶剂比将导致设备与操作费用增加，经济效果差。过小则会破坏正常操作，使其产品不合格。在实际操作中，随溶剂的不同其溶剂比也不同。

2. 考虑溶剂物理性质的影响

溶剂的物理性质对萃取蒸馏过程有很大的影响，乙腈作溶剂的沸点低，可在较低温度下操作，降低能量损耗，但塔顶馏出物中溶剂夹带量增加，导致溶剂损耗量上升，溶剂黏度对萃取精馏塔板效率有较大的影响，N-甲基吡咯烷酮作溶剂黏度大板效率低，而乙腈黏度小则板效率大。溶剂的物理性质见表 3-7。

表 3-7 三种溶剂的常用物理性质

指　　标	乙　腈	二甲基甲酰胺	N-甲基吡咯烷酮
相对分子质量	41.0	73.1	99.1
沸点/℃	81.6	152.7	202.4
20℃时的密度/(g/m³)	0.7830	0.9439	1.0270
25℃时的黏度/mPa·s	0.35	0.80	1.65

3. 选择合适的溶剂进塔温度

在萃取精馏操作过程中，由于溶剂量很大，所以溶剂的进料温度的微小变化对分离效果都有很大的影响。溶剂进料温度主要影响塔内每层塔板上的各组分的浓度和气液相平衡。若萃取温度低，会使塔内回流量增加，反而会使"恒定浓度"降低，不利于分离正常进行，导致塔釜产品不合格；如果溶剂温度过高，使塔底溶剂损失量增加，塔顶产品不合格。生产中温度一般比塔顶温度高 3~5℃。

4. 调节溶剂含水量

溶剂中加入适量的水可提高组分间的相对挥发度，使溶剂选择性大大提高。另外，含水溶剂可降低溶液的沸点，使操作温度降低，减少蒸汽消耗，避免二烯烃自聚。但是，随着溶剂中含水量不断增加，烃类在溶剂中的溶解度降低。为避免萃取精馏塔内出现分层现象，则需要提高溶剂比，从而增加了蒸汽和动力消耗。在工业生产中，以乙腈为溶剂，加水量以 8%~12%为宜。由于二甲酰胺受热易发生水解反应，因此不易操作。

5. 维持适宜的回流比

这一点不同于普通精馏，萃取精馏塔的回流比一般非常接近最小回流比，操作过程一定要仔细地控制、精心调节。回流比过大不会提高产品质量，反而会降低产品质量。因为增加回流量就直接降低了每层塔板上溶剂的浓度，不利于萃取精馏操作，使分离变得困难。

三、工艺流程

从乙烯裂解装置副产的混合 C₄ 馏分中抽提生产丁二烯，根据所用溶剂的不同，该生产方法又可分为乙腈法（ACN 法）、二甲基甲酰胺法（DMF 法）和 N-甲基吡咯烷酮法（NMP 法）三种。

1. 乙腈法

该法最早由美国 Shell 公司开发成功，并于 1956 年实现工业化生产。它以含水 10%的乙腈（ACN）为溶剂，由萃取、闪蒸、压缩、高压解吸、低压解吸和溶剂回收等工艺单元组成。

目前，该方法以意大利 SIR 工艺和日本 JSR 工艺为代表。

意大利 SIR 工艺以含水 5% 的 ACN 为溶剂，采用 5 塔流程(氨洗塔、第一萃取精馏塔、第二萃取精馏塔、脱轻塔和脱重塔)。

日本 JRS 工艺以含水 10% 的 ACN 为溶剂，采用两段萃取蒸馏，第一萃取蒸馏塔由两塔串联而成。

我国于 1971 年 5 月由中国石油兰州分公司合成橡胶厂自行开发的乙腈法 C_4 抽提丁二烯装置试车成功。该装置采用两级萃取精馏的方法，一级是将丁烷、丁烯与丁二烯进行分离，二级是将丁二烯与炔烃进行分离。其工艺流程见图 3-10 所示。

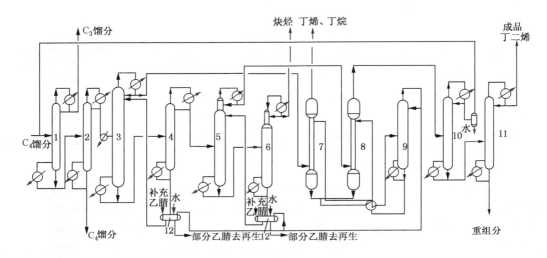

图 3-10　乙腈法分离丁二烯工艺流程图

1—脱 C_3 塔；2—脱 C_5 塔；3—丁二烯萃取精馏塔；4—丁二烯蒸出塔；5—炔烃萃取精馏塔；
6—炔烃蒸出塔；7—丁烷、丁烯水洗塔；8—丁二烯水洗塔；9—乙腈回收塔；
10—脱轻组分塔；11—脱重组分塔；12—乙腈中间储槽

由裂解气分离工序送来的 C_4 馏分首先送进 C_3 塔 1、C_5 塔 2，分别脱除 C_3 馏分和 C_5 馏分，得到精制的 C_4 馏分。

精制后的 C_4 馏分，经预热汽化后进入丁二烯萃取精馏塔 3。丁二烯萃取精馏塔分为两段，共 120 块塔板，塔顶压力为 0.45MPa，塔顶温度为 46℃，塔釜温度 114℃。C_4 馏分由塔中部进入，乙腈由塔顶加入，经萃取精馏分离后，塔顶蒸出的丁烷、丁烯馏分进入丁烷、丁烯水洗塔 7 水洗，塔釜排出的含丁二烯及少量炔烃的乙腈溶液，进入丁二烯蒸出塔 4。在塔 4 中塔釜排出的乙腈经冷却后供丁二烯萃取精馏塔循环使用，丁二烯、炔烃从乙腈中蒸出去塔顶，并送进炔烃萃取精馏塔 5。经萃取精馏后，塔顶丁二烯送丁二烯水洗塔 8，塔釜排出的乙腈与炔烃一起送入炔烃蒸出塔 6。为防止乙烯基乙炔爆炸，炔烃蒸出塔 6 顶的炔烃馏分必须间断地或连续地用丁烷、丁烯馏分进行稀释，使乙烯基乙炔的含量低于 30%(摩尔)，炔烃蒸出塔釜排出的乙腈返回炔烃蒸出塔循环使用，塔顶排放的炔烃送出用作燃料。

在塔 8 中经水洗脱除丁二烯中微量的乙腈后，塔顶的丁二烯送脱轻组分塔 10。在塔 10 中塔顶脱除丙炔和少量水分，为保证丙炔含量不超标，塔顶产品丙炔允许伴随 60% 左右的

82

丁二烯，塔釜丁二烯中的丙炔小于 5μg/g，水分小于 10μg/g。对脱轻组分塔来说，当釜压为 0.45MPa、温度为 50℃左右时，回流量为进料量的 1.5 倍，塔板为 60 块左右，即可保证塔釜产品质量。

脱除轻组分的丁二烯送脱重组分塔 11，脱除顺-2-丁烯、1，2-丁二烯、2-丁炔、二聚物、乙腈及 C_5 馏分等重组分。其塔釜丁二烯含量不超过 5%（质量），塔顶蒸气经过冷凝后即为成品丁二烯。成品丁二烯纯度为 99.6%（体积）以上，乙腈含量小于 10μL/L，总炔烃小于 50μL/L。为了保证丁二烯质量要求，脱重组分塔采用 85 块塔板，回流比为 4.5，塔顶压力为 0.4MPa 左右。

丁烷、丁烯水洗塔 7 和丁二烯水洗塔 8 中，均用水作萃取剂，分别将丁烷、丁烯及丁二烯中夹带的少量乙腈萃取下来送往乙腈回收塔 9，塔顶蒸出乙腈与水共沸物，返回萃取精馏塔系统，塔釜排出的水经冷却后，送水洗塔循环使用。另外，部分乙腈送去净化再生，以除去其中所积累的杂质，如盐、二聚物和多聚物等。

采用 ACN 法生产丁二烯的特点：①沸点低，萃取、汽提操作温度低，易防止丁二烯自聚；②汽提可在高压下操作，省去了丁二烯气体压缩机，减少了投资；③黏度低，塔板效率高，实际塔板数少；④毒性微弱，在操作条件下对碳钢腐蚀性小；⑤丁二烯分别与正丁烷、丁二烯二聚物等形成共沸物，溶剂精制过程复杂，操作费用高；⑥蒸气压高，随尾气排出的溶剂损失大；⑦用于回收溶剂的水洗塔较多，相对流程长。

2. 二甲基甲酰胺法（DMF 法）

二甲基甲酰胺法（DMF 法）又名 GPB 法，由日本瑞翁公司于 1965 年实现工业化生产，并建成一套 45kt/a 生产装置。

1976 年中国石化燕山分公司首次从日本瑞翁公司引进 DMF 生产技术，建设了以 DMF 为溶剂的 $4.5×10^4 t/a$ 丁二烯生产装置。

该工艺采用二级萃取精馏和二级普通精馏相结合的流程，包括丁二烯萃取精馏，烃烃萃取精馏，普遍精馏和溶剂净化四部分。其工艺流程如图 3-11 所示。

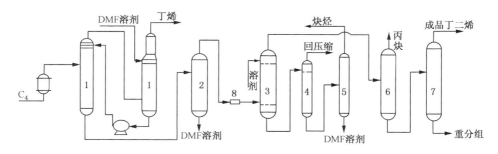

图 3-11　二甲基甲酰胺抽提丁二烯流程图

1—第一萃取精馏塔；2—第一解吸塔；3—第二萃取精馏塔；4—丁二烯回收塔；
5—第二解吸塔；6—脱轻组分塔；7—脱重组分塔；8—丁二烯压缩机

原料 C_4 馏分气化后进入第一萃取精馏塔 1 的中部，二甲基甲酰胺则由塔顶部第七或第八板加入，其加入量约为 C_4 馏分进料量的 7 倍。第一萃取精馏塔顶丁烯、丁烷馏分直接送出装置，塔釜含丁二烯、炔烃的二甲基甲酰胺进入第一解吸塔 2。解吸塔釜的二甲基甲酰胺溶剂，经废热利用后循环使用。丁二烯、炔烃由塔顶解吸出来经丁二烯压缩机 8 加压后，进入第二萃取精馏塔3，由第二萃取精馏塔塔顶获得丁二烯馏分，塔釜含乙烯基乙炔、丁炔的二甲基甲酰胺进入丁二烯回收塔4。为了减少丁二烯损失，由丁二烯回收塔顶采出含丁二烯多的炔烃馏分，以气相返回丁二烯压缩机，塔底含炔烃较多的二甲基甲酰胺溶液进入第二解吸塔5。炔烃由第二解吸塔顶采出，可直接送出装置，塔釜二甲基甲酰胺溶液经废热利用后循环使用，由第二萃取精馏塔顶送来的丁二烯馏分进入脱轻组分塔6，用普通精馏的方法由塔顶脱除丙炔，塔釜液进脱重组分塔7。在脱重组分塔中，塔顶获得成品丁二烯，塔釜采出重组分，主要组分是顺-2-丁烯、乙烯基乙炔、丁炔、1，2-丁二烯以及二聚物、C_5 馏分等，其中丁二烯含量小于2%，一般作为燃料。

为除去循环溶剂中的丁二烯二聚物，将待再生的二甲基甲酰胺抽出0.5%，送入溶剂精制塔顶除去二聚物等轻组分，塔釜得到净化后的再生溶剂（图中未画出）。

DMF法工艺的特点：①对原料中 C_4 组分的适应性强，丁二烯含量在15%～60%范围内都可生产出合格的丁二烯产品；②生产能力大，成本低，工艺成熟，安全性好、节能效果较好，产品、副产品回收率高达97%；③由于DMF对丁二烯的溶解能力及选择性比其他溶剂高，所以循环溶剂量较小，溶剂消耗量低；④无水DMF可与任何比例的 C_4 馏分互溶，因而避免了萃取塔中的分层现象；⑤DMF与任何 C_4 馏分都不会形成共沸物，有利于烃和溶剂的分离，但由于其沸点较高，溶剂损失小；⑥热稳定性和化学稳定性良好；⑦由于其沸点高，萃取塔及解吸塔的操作温度都较高，易引起双烯烃和炔烃的聚合；⑧无水情况下对碳钢无腐蚀性，但在水分存在下会分解成甲酸和二甲胺，因而有一定的腐蚀性。

3. N-甲基吡咯烷酮法（NMP法）

N-甲基吡咯烷酮法（NMP法）由德国BASF公司开发成功，并于1968年实现工业化生产，建成一套75kt/a生产装置。我国于1994年由新疆独山子引进了第一套装置。其生产工艺主要包括萃取蒸馏、脱气和蒸馏以及溶剂再生工序。

NMP法从 C_4 馏分中分离丁二烯的基本流程与DMF法相同。其不同之处在于溶剂中含有5%～10%的水，使其沸点降低，有利于防止自聚反应，具体流程如图3-12所示。原料中 C_4 馏分经塔1脱 C_5 组分后，进行加热汽化，进入第一萃取精馏塔3，由塔上部加入含水NMP溶剂进行萃取精馏，丁烷、丁烯由塔顶采出，直接送出装置，塔釜丁烯、丁二烯、炔烃、溶剂进入丁烯解吸塔4。在塔4中塔顶解吸后的气体主要含有丁烯、丁二烯，返回塔3，中部侧线气相采出丁二烯、炔烃馏分送入第二萃取精馏塔5，塔釜为含炔烃、丁二烯的溶剂，送入脱气塔6。塔5上部加入溶剂进行萃取精馏，粗丁二烯由塔顶部采出送入丁二烯精馏塔8，塔釜的炔烃和溶剂返回塔4。脱气塔6顶部采出的丁二烯经压缩机9压缩后返回塔4，中部的侧线采出经水洗塔7回收溶剂后，送到火炬系统，塔釜回收的溶剂再返回塔3和塔5循环使用。在丁二烯精馏塔8中，塔顶分出丙炔，塔釜采出重组分，产品丁二烯由塔下部侧线采出。

NMP法工艺的特点：①溶剂性能优良，毒性低，可生物降解，腐蚀性低；②原料范围较广，可得到高质量的丁二烯，产品纯度可达99.7%～99.9%；③ C_4 炔烃无须加氢处理，流程简单，投资低，操作方便，经济效益高；④NMP法所用溶剂具有优良的选择性和溶解能力，沸点高、蒸气压低，因而运转中溶剂损失小；⑤热稳定性和化学稳定性极好，即使发生微量水解，其产物也无腐蚀性，因此，装置可全部采用普通碳钢。

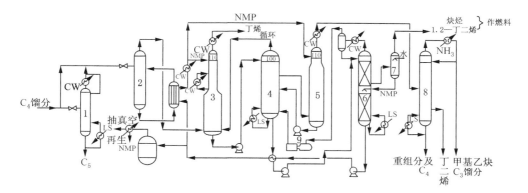

图 3-12 NMP 法丁二烯抽提装置工艺流程

1—脱 C_5 塔；2—汽化塔；3—第一萃取精馏塔；4—解吸塔；5—第二萃取精馏塔；
6—脱气塔；7—水洗塔；8—丁二烯精馏塔；9—压缩机

第四节 石油芳烃的生产

芳烃尤其是苯、甲苯、二甲苯等轻质芳烃是仅次于烯烃的石油化工的重要基础产品。芳烃最初完全来源于煤焦油，进入 20 世纪 70 年代以后，全世界几乎 95% 以上的芳烃都来自石油，品质优良的石油芳烃已成为芳烃的主要资源。

石油芳烃的来源主要有两种生产技术。一是石脑油催化重整法，其液体产物重整油依原料和重整催化剂的不同，芳烃含量一般可达 50%~80%（质量）；二是裂解汽油加氢法，即从石油烃热裂解装置的副产裂解汽油中回收芳烃，随裂解原料和裂解深度不同，含芳烃一般可达 40%~80%（质量）。

一、催化重整法

催化重整是以 $C_6 \sim C_{11}$ 石脑油为原料，在一定的操作条件和催化剂的作用下，使轻质原料油（石脑油）的烃类分子结构重新排列整理，转变成富含芳烃的高辛烷值汽油（重整汽油），并副产液化石油气和氢气的过程。

催化重整装置可生产芳烃或高辛烷值汽油，2010 年世界主要国家和地区原油总加工能力为 4400Mt/a，其中，催化重整处理能力 495Mt/a，约占原油加工能力的 13.7%，所以催化重整是炼油和石油化工的重要生产工艺之一。

2012 年我国催化重整总能力超过 45Mt/a，成为仅次于美国、拥有世界第二大催化重整生产能力的国家。

（一）催化重整的反应原理

重整原料在催化重整条件下的化学反应主要有以下几种：

1. 芳构化反应

（1）六元环烷烃脱氢反应

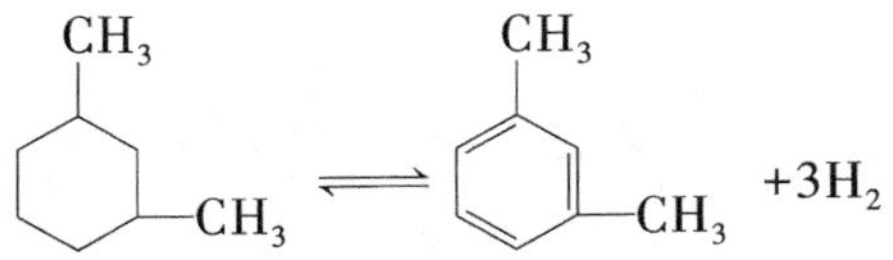

（结构式反应）＋3H₂

这类反应的特点是吸热、体积增大、生成苯并产生氢气、可逆反应，它是重整过程生成芳烃的主要反应。

（2）五元环烷烃异构脱氢反应

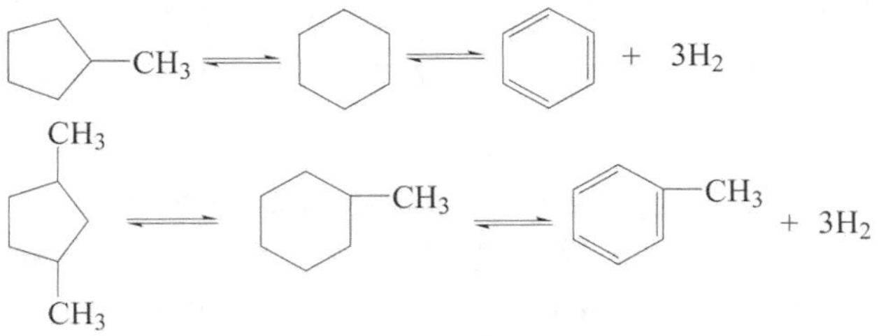

（结构式反应）＋3H₂

（结构式反应）＋3H₂

反应的特点也是吸热、体积增大、生成芳烃并产生氢气的可逆反应。它的反应速度较快、但稍慢于六元环烷烃脱氢反应，仍是生成芳烃的主要反应。

五元环烷烃在直馏重整原料的环烷烃中占有很大的比例，因此，在重整反应中，将大于 C_6 的五元环烷烃转化为芳烃是仅次于六元环烷烃转化为芳烃的重要途径。

（3）烷烃的环化脱氢反应

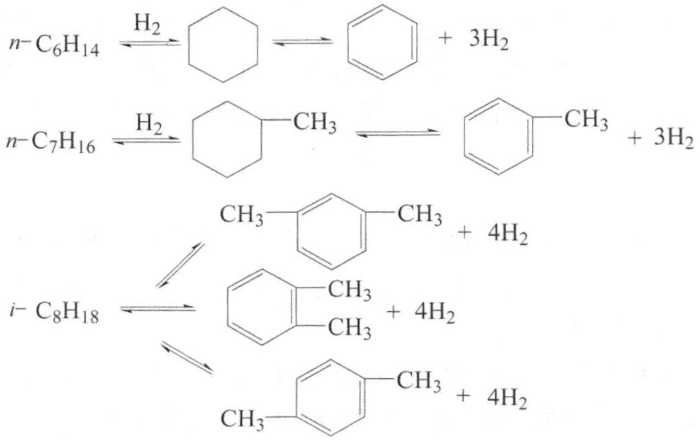

$n-C_6H_{14}$ （结构式反应）＋3H₂

$n-C_7H_{16}$ （结构式反应）＋3H₂

$i-C_8H_{18}$ （结构式反应）＋4H₂
＋4H₂
＋4H₂

这类反应也有吸热和体积增大等特点。在催化重整反应中，由于烷烃环化脱氢反应可生成芳烃，所以，它是增加芳烃收率的最显著的反应。但其反应速度较慢，故要求有较高的反应温度和较低的空速等苛刻条件。

2. 异构化反应

各种烃类在重整催化剂的活性表面上都能发生异构化反应。例如：

$$n-C_7H_{16} \rightleftharpoons i-C_7H_{16}$$

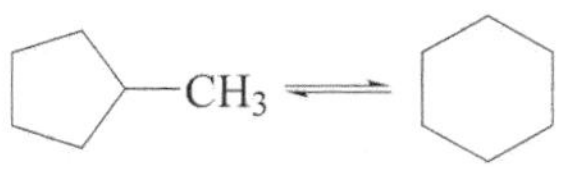

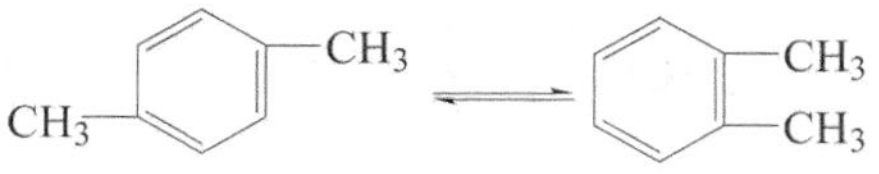

（结构式反应）

（结构式反应）

正构烷烃的异构化反应有反应速度较快、轻度热量放出的特点，它不能直接生成芳烃和氢气，但正构烷烃反应后生成的异构烷烃易于环化脱氢生成芳烃，所以，只要控制适宜的反应条件，此反应也是十分重要的。

五元环烷烃异构为六元环烷烃更易于脱氢生成芳烃，有利于提高芳烃的收率。

3. 加氢裂化反应

在催化重整条件下，各种烃类都能发生加氢裂化反应，并可以认为是加氢、裂化和异构化三者并发的反应。例如：

$$n\text{-}C_7H_{16}+H_2 \longrightarrow n\text{-}C_3H_8+i\text{-}C_4H_{10}$$

$$\text{（环戊烷）} -CH_3 + H_2 \longrightarrow CH_3-CH_2-CH_2-CH-CH_3 \quad (CH_3)$$

$$\text{（苯基）}-CH(CH_3)-CH_3 + H_2 \longrightarrow \text{（苯）} +C_3H_8$$

这类反应是不可逆的放热反应，对生成芳烃不利，过多会使液体产率下降。

4. 缩合生焦反应

烃类还可以发生叠合和缩合等分子增大的反应，最终缩合成焦炭覆盖在催化剂表面使其失活。在生产中必须控制这类反应，工业上采用循环氢保护，一方面使容易缩合的烯烃饱和，另一方面抑制芳烃深度脱氢。

从化学反应可知，催化重整反应主要有两大类：脱氢（芳构化）反应和裂化、异构化反应。这就要求重整催化剂应兼备两种催化功能，既能促进环烷烃和烷烃脱氢芳构化反应，又能促进环烷烃和烷烃异构化反应，即是一种双功能催化剂。现代重整催化剂由三部分组成：活性组分（如铂、钯、铱、铑）、助催化剂（如铼、锡）和酸性载体（如含卤素的 $\gamma\text{-}Al_2O_3$）。其中，铂构成活性中心，促进脱氢、加氢反应；而酸性载体提供酸性中心，促进裂化、异构化等反应。同时重整催化剂的两种功能必须适当的配合才能得到满意的结果。如果只是脱氢活性很强，则只能加速六元环烷烃的脱氢，而对于五元环烷烃和烷烃的异构化则反应不足，不能达到提高芳烃产率的目的。反之如果只是酸性功能很强，就会有过度的加氢裂化，使液体产物的收率下降，五元环烷烃和烷烃转化为芳烃的选择性下降，同样也不能达到预期的目的。因此，在制备重整催化剂和生产操作中都要考虑保证催化剂两种功能的配合问题。

（二）催化重整的生产过程

按照对目的产品的不同要求，工业催化重整装置分为以生产芳烃为主的化工型、以生产高辛烷值汽油为主的燃料型和包括副产氢气的利用与化工及燃料两种产品兼顾的综合型三种。

化工型常用的加工方案是预处理-催化重整-芳烃抽提-芳烃精馏的联合过程，装置的示意流程见图 3-13 所示。

1. 原料的预处理过程

重整原料的预处理由预分馏、预加氢、预脱砷和脱水等单元组成，其典型工艺流程如图 3-14 所示，其目的是切取符合重整要求的馏分和脱除对重整催化剂有害的杂质及水分。

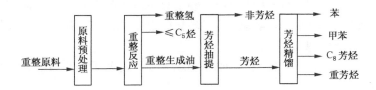

图 3-13　化工型催化重整装置流程示意图

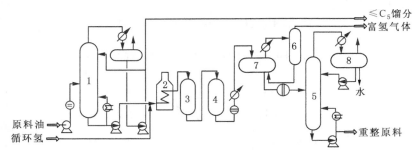

图 3-14　催化重整装置原料预处理部分工艺原则流程图

1—预分馏塔；2—预加氢加热炉；3、4—预加氢反应器；5—脱水塔；
6—气液分离罐；7—高压分离器；8—油水分离器

（1）原料预分馏部分

预分馏的作用是切取适宜馏程的重整原料。在重整生产过程以产品芳烃为主时，预分馏塔切取 60~130℃（或 140℃）馏分为重整原料，<60℃ 的轻馏分可作为汽油组分或化工原料。

（2）预加氢部分

预加氢的目的是脱除原料油中对催化剂有害的杂质，同时也使烯烃饱和以减少催化剂的积炭，从而延长运转周期。

在预加氢条件下，原料中微量的硫、氮、氧等杂质能进行加氢裂解反应，相应地生成 H_2S、NH_3 及水等而被除去，烯烃则通过加氢变成饱和烃。例如：

$$C_5H_9SH + 2H_2 \longrightarrow C_5H_{12} + H_2S$$

$$\text{（噻吩）} + 2H_2 \longrightarrow C_4H_{10} + H_2S$$

$$\text{（吡啶）} + 5H_2 \longrightarrow C_5H_{12} + NH_3$$

$$\text{（苯酚）} - OH + H_2 \longrightarrow \text{（环己烷）} + H_2O$$

$$C_7H_{14} + H_2 \longrightarrow C_7H_{16}$$

（3）预脱砷部分

砷不仅是重整催化剂最严重的毒物，也是各种预加氢精制催化剂的毒物。因此，必须在预加氢前把砷降到较低程度。重整反应原料含砷量要求在 1ng/g 以下，如果原料油的含砷量 <100ng/g，可不经过单独脱砷，经过预加氢就可符合要求。

88

2. 重整反应过程

重整反应过程是催化重整装置的核心部分，工业装置广泛采用的反应系统流程可分为两大类：固定床半再生式工艺流程和移动床反应器连续再生式工艺流程。

（1）固定床半再生式工艺流程

固定床半再生重整的特点是当催化剂运转一定时期后，活性下降而不能继续使用时，需要停工再生，再生后重新开工运转，因此称为半再生重整过程。以生产芳烃为目的铂铼双金属半再生重整工艺原理流程见图 3-15 所示。经过预处理后的原料油与循环氢混合并经换热、加热后依次进入三个串联的重整反应器。重整反应是强吸热反应，反应时温度下降，因此为得到较高的平衡转化率和保持较快的反应速度，就必须维持合适的反应温度，这就需要在反应过程中不断地补充热量。为此，半再生式装置的固定床重整反应器一般由 3~4 个绝热式反应器串联，反应器之间有加热炉提供热量。

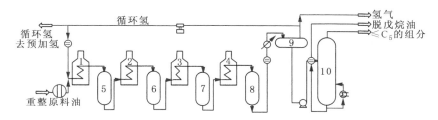

图 3-15　固定床半再生式重整反应过程原则工艺流程图

1、2、3、4—加热炉；5、6、7—重整反应器；8—后加氢反应器；9—高压分离器；10—脱戊烷塔

后加氢反应器可使少量生成油中的烯烃饱和，以确保芳烃产品的纯度。后加氢反应产物经冷却后，进入高压分离器进行油气分离，分出的含氢气体一部分用于预加氢汽提，大部分经循环氢气压机升压后与重整原料混合循环使用。

重整生成油自高压分离器经换热到 110℃ 左右进入脱戊烷塔，塔顶蒸出 $\leqslant C_5$ 的组分，塔底是含有芳烃的脱戊烷油，可作为抽提芳烃的原料，以进一步生产单体芳烃。

采用固定床重整的反应器，工业上常用的有两种，一是轴向反应器，二是径向反应器。其结构见图 3-16 所示。

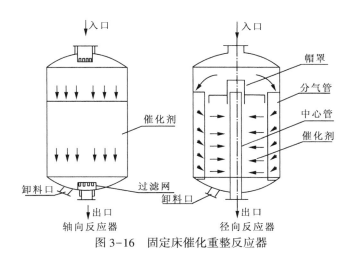

图 3-16　固定床催化重整反应器

89

与轴向反应器相比，径向反应器的主要特点是气流以较低的流速径向通过催化剂床层，床层压降较低，这一点对于连续重整装置尤为重要。因此，连续重整装置的反应器都采用径向反应器，而且其再生器也采用径向式的。

（2）移动床反应器连续再生式工艺流程

半再生式重整会因催化剂的积炭而停工进行再生。为了能经常保持催化剂的高活性，并且随炼油厂加氢工艺的日益增加，需要连续地供应氢气，UOP 和 IFP 分别研究和发展了移动床反应器连续再生式重整（简称连续重整）。主要特征是设有专门的再生器，反应器和再生器都是采用移动床，催化剂在反应器和再生器之间连续不断地进行循环反应和再生。下面以 IFP 连续重整为例，反应系统的流程如图 3-17 所示。

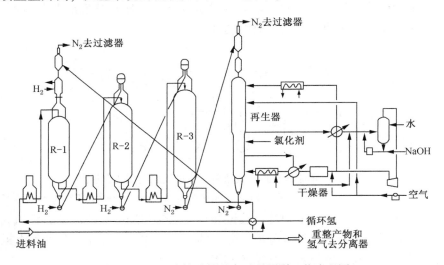

图 3-17　IFP 连续重整反应过程原则工艺流程图

IFP 连续重整的三个反应器并行排列，称为径向并列式连续重整工艺。催化剂在每两个反应器之间是用氢气提升至下一个反应器的顶部，从末段反应器出来的待生催化剂则用氮气提升到再生器的顶部。

连续重整技术是近年来重整技术的重要进展之一。它针对重整反应的特点提供了更为适宜的反应条件，因而取得了较高的芳烃产率和氢气收率，突出的优点是改善了烷烃芳构化反应的条件。但是连续重整的投资比半再生重整装置要大，从总投资来看，一座 $60×10^4$t/a 连续重整的总投资比相同规模的半再生重整装置约高出 30%。规模小的装置采用连续重整是不经济的。

3. 芳烃抽提过程

催化重整脱戊烷油和加氢裂解汽油都是芳烃与非芳烃的混合物，所以存在芳烃分离问题。重整脱戊烷油中组分复杂，很多芳烃和非芳烃的沸点相近。例如，苯的沸点为 80.1℃，环己烷的沸点为 80.74℃，3-甲基丁烷的沸点为 80.88℃，它们之间的沸点差很小，在工业上很难用精馏的方法从它们的混合物中分离出纯度很高的苯。此外，有些非芳烃组分和芳烃组分形成了共沸混合物，用一般的精馏方法就更难将它们分开，工业上广泛采用的是液相抽提的方法分离出其中的混合芳烃。

液相抽提就是利用某些有机溶剂对芳烃和非芳烃具有不同的溶解能力，即利用各组分在溶剂中溶解度的差异，经逆流连续抽提过程而使芳烃和非芳烃得以分离。在溶剂与重整脱戊烷油混合后生成的两相中，一个是溶剂和溶于溶剂的芳烃，称为提取液，另一个是在溶剂中具有极小溶解能力的非芳烃，称为提余液。将两相液层分开后，再用汽提的方法将溶剂和溶解在溶剂中的芳烃分开，以获得芳烃混合物。

抽提部分的流程如图 3-18 所示。

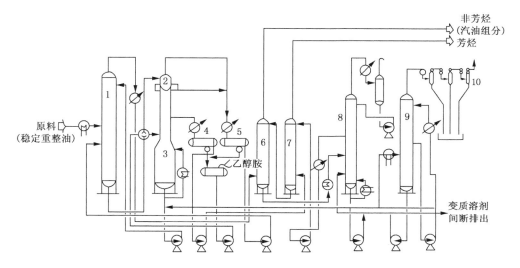

图 3-18　催化重整装置溶剂抽提部分原理工艺流程图

1—抽提塔；2—闪蒸罐；3—汽提塔；4—抽出芳烃罐；5—回流芳烃罐；
6—非芳烃水洗塔；7—芳烃水洗塔；8—水分馏塔；9—减压塔；10—三级抽真空

自重整部分来的脱戊烷油打入抽提塔 1 中部，含水约 5%～10%（质量）的溶剂（贫溶剂）自抽提塔顶部喷入，塔底打入回流芳烃（含芳烃 70%～85%，其余为戊烷）。经逆相溶剂抽提后，塔顶引出提余液，塔底引出提取液。

提取液（又称富溶剂）经换热后，温度约以 120℃ 左右自抽提塔底借本身压力流入汽提塔 3 顶部的闪蒸罐，在其中由于压力骤降，溶于提取液中的轻质非芳烃、部分苯和水被蒸发出来，与汽提塔顶部蒸出的油气汇合，经冷凝冷却后进入回流芳烃罐 5 进行油水分离，分出的油去抽提塔底做回流芳烃。分出的水与从抽出芳烃罐分出的水一道流入循环水罐，用泵打入汽提塔做汽提用水。经闪蒸后未被蒸发的液体自闪蒸罐流入汽提塔。

混合芳烃自汽提塔侧线呈气相被抽出，因为若从塔顶引出则不可避免地混有轻质非芳烃戊烷等，而从侧线以液态引出又会带出过多溶剂，引出的芳烃经冷凝分水后送入水洗塔 7，经水洗后回收残余的溶剂，然后送芳烃精馏部分进一步分离成单体芳烃。

4. 芳烃精馏过程

由溶剂抽提所得的混合芳烃中含有苯、甲苯、二甲苯、乙苯及少量较重的芳烃，而有机合成工业所需的原料有很高的纯度要求，为此必须将混合芳烃通过精馏的方法分离成高纯度的单体芳烃，这一过程称为芳烃精馏。芳烃精馏部分的原理工艺流程见图 3-19 所示。

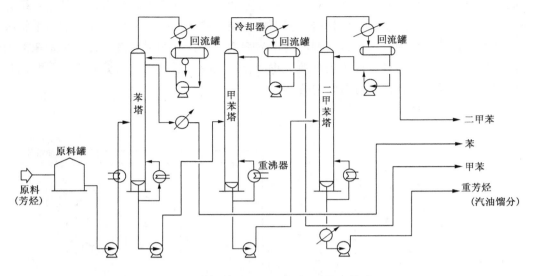

图 3-19　芳烃精馏原理工艺流程图(三塔流程)

混合芳烃依次送入苯塔、甲苯塔、二甲苯塔,分别通过精馏的方法进行切取,得到苯、甲苯、二甲苯及 C_9 芳烃等单一组分。此法芳烃的纯度为:苯 99.9%,甲苯 99.0%,二甲苯 96%。二甲苯还需要进一步分离,以得到供不应求的对二甲苯。

二、裂解汽油加氢法

(一)裂解汽油的组成

裂解汽油含有 $C_6 \sim C_9$ 芳烃,因而它是石油芳烃的重要来源之一。裂解汽油的产量、组成以及芳烃的含量,随裂解原料和裂解条件的不同而异。例如,以石脑油为裂解原料生产乙烯时能得到大约 20%(质量)的裂解汽油,其中芳烃含量为 40%~80%;用煤油、柴油为裂解原料时,裂解汽油产率约为 24%,其中芳烃含量达 45%左右。

裂解汽油除富含芳烃外,还含有相当数量的二烯烃、单烯烃、少量直链烷烃和环烷烃以及微量的硫、氧、氮、氯及重金属等组分。

裂解汽油中的芳烃与重整生成油中的芳烃在组成上有较大差别。首先裂解汽油中所含的苯约占 $C_6 \sim C_8$ 芳烃的 50%,比重整产物中的苯高出约 5%~8%,其次裂解汽油中含有苯乙烯,含量为裂解汽油的 3%~5%,此外裂解汽油中不饱和烃的含量远比重整生成油高。

(二)裂解汽油加氢精制过程

由于裂解汽油中含有大量的二烯烃、单烯烃。因此,裂解汽油的稳定性极差,在受热和光的作用下很易氧化并聚合生成称为胶质的胶黏状物质,在加热条件下,二烯烃更易聚合。这些胶质在生产芳烃的后加工过程中极易结焦和析炭,既影响过程的操作,又影响最终所得芳烃的质量。硫、氮、氧、重金属等化合物对后序生产芳烃工序的催化剂、吸附剂均构成毒物。所以,裂解汽油在芳烃抽提前必须进行预处理,为后加工过程提供合格的原料。目前普遍采用催化加氢精制法。

1. 反应原理

裂解汽油与氢气在一定条件下,通过加氢反应器催化剂层时,主要发生两类反应。首先是二烯烃、烯烃这些不饱和烃加氢生成饱和烃，苯乙烯加氢生成乙苯。其次是含硫、氮、氧有机化合物的加氢分解（又称氢解反应），C—S、C—N、C—O 键分别发生断裂，生成气态的 H_2S、NH_3、H_2O 以及饱和烃。例如：

$$\text{（噻吩）} + 4H_2 \longrightarrow C_4H_{12} + H_2S$$

$$\text{（吡啶）} + 5H_2 \longrightarrow C_5H_{12} + NH_3$$

$$\text{（OH）} + H_2 \longrightarrow + H_2O$$

金属化合物也能发生氢解或被催化剂吸附而除去。加氢精制是一种催化选择加氢，在 340℃ 反应温度以下，芳烃加氢生成环烷烃甚微。但是，条件控制不当，不仅会发生芳烃的加氢造成芳烃损失，还能发生不饱和烃的聚合、烃的加氢裂解以及结焦等副反应。

2. 操作条件

（1）反应温度

反应温度是加氢反应的主要控制指标。加氢是放热反应，降低温度对反应有利，但是反应速度太慢，对工业生产是不利的。提高温度可提高反应速度，缩短平衡时间。但是温度过高，既会使芳烃加氢又易产生裂解与结焦，从而降低催化剂的使用周期。所以，在确保催化剂活性和选择加氢前提下，尽可能把反应温度控制到最低温度为宜。由于一段加氢采用了高活性催化剂，二烯烃的脱除在中等温度下即可顺利进行，所以反应温度一般为 60～110℃。二段加氢主要是脱除单烯烃以及氧、硫、氮等杂质，一般反应在 320℃ 下进行最快。当采用钴-钼催化剂时，反应温度一般为 320～360℃。

（2）反应压力

加氢反应是体积缩小的反应，提高压力有利于反应的进行。高的氢分压能有效地抑制脱氢和裂解等副反应的发生，从而减少焦炭的生成，延长催化剂的寿命，同时还可加快反应速度，将部分反应热随过剩氢气移出。但是压力过高，不仅会使芳烃加氢，而且对设备要求高、能耗也增大。

（3）氢油比

加氢反应是在氢存在下进行的。提高氢油比，从平衡观点看，反应可进行得更完全，并对抑制烯烃聚合结焦和控制反应温升过快都有一定效果。然而，提高氢油比会增加氢的循环量，能耗大大增加。

（4）空速

空速越小，所需催化剂的装填量越大，物料在反应器内停留时间较长，相应给加氢反应带来不少麻烦，如结焦、析炭、需增大设备等。但空速过大，转化率降低。

3. 工艺流程

以生产芳烃原料为目的的裂解汽油加氢工艺普遍采用两段加氢法，其工艺流程如图 3-20 所示。

第一段加氢目的是将易于聚合的二烯烃转化为单烯烃，包括烯基芳烃转化为芳烃。催化

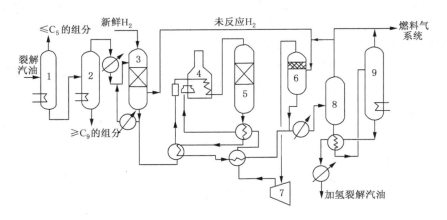

图 3-20 两段加氢法的典型流程示意图

1—脱 C_5 塔；2—脱 C_9 塔；3——段加氢反应器；4—加热炉；5—二段加氢反应器；

6—循环压缩机回流罐；7—循环压缩机；8—高压闪蒸罐；9—H_2S 汽提塔

剂多采用贵重金属钯为主要活性组分，并以氧化铝为载体。其特点是加氢活性高、寿命长，在较低反应温度（60℃）下即可进行液相选择加氢，避免了二烯烃在高温条件下的聚合和结焦。

第二段加氢目的是使单烯烃进一步饱和，而氧、硫、氮等杂质被破坏而除去，从而得到高质量的芳烃原料。催化剂普遍采用非贵重金属钴-钼系列，具有加氢和脱硫性能，并以氧化铝为载体。该段加氢是在 300℃ 以上的气相条件下进行的，两个加氢反应器一般都采用固定床反应器。

裂解汽油首先进行预分馏，先进入脱 C_5 塔 1 将其中的 C_5 及 C_5 以下馏分从塔顶分出，然后进入脱 C_9 塔 2 将 C_9 及 C_9 以上馏分从塔釜除去。分离所得的 $C_6 \sim C_8$ 中心馏分送入一段加氢反应器 3，同时通入加压氢气进行液相加氢反应。反应条件是温度 60～110℃、反应压力 2.60MPa，加氢后的双烯烃接近零，其聚合物可抑制在允许限度内。反应放热引起的温升是用反应器底部液体产品冷却循环来控制的。

由一段加氢反应器来的液相产品，经泵加压在预热器内，与二段加氢反应器流出的液相物料换热到控制温度后，送入二段加氢反应器混合喷嘴，在此与热的氢气均匀混合。已汽化的进料、补充氢与循环气在二段加氢反应器附设的加热炉 4 内，加热后进入二段反应器 5，在此进行烯烃与硫、氧、氮等杂质的脱除。反应温度为 329～358℃，反应压力为 2.97MPa。反应器的温度用循环气以及两段不同位置的炉管温度予以控制。

二段加氢反应器的流出物经过一系列换热后，在高压闪蒸罐 8 中分离。该罐分离出的大部分气体同补充氢气一起经循环压缩机回流罐 6 进入循环压缩机 7，返回加热炉，剩余的气体循环回乙烯装置或送至燃料气系统。从高压闪蒸罐分出的液体，换热后进入硫化氢汽提塔 9，含有微量硫化氢的溶解性气体从塔顶除去，返回乙烯装置或送至燃料气系统。汽提塔釜产品则为加氢裂解汽油，可直接送芳烃抽提装置（见本节一、催化重整 3、芳烃抽提过程）。经芳烃抽提和芳烃精馏后，得到符合要求的芳烃产品。

三、对二甲苯的生产

我们在芳烃精馏中得到的二甲苯仍然是一个 C_8 芳烃的混合物，包括对二甲苯、邻二甲苯、间二甲苯和乙苯等成分，其中对二甲苯用途最为广泛。要想得到市场上供不应求的对二甲苯，还必须经过芳烃歧化和烷基转移（将甲苯和 C_9 芳烃转化为混合二甲苯）、混合二甲苯异构化（将邻二甲苯、间二甲苯和乙苯转化为对二甲苯）、吸附分离（将对二甲苯分离出来）等过程，同时这些过程必须联合生产，才能最大限度地生产出对二甲苯产品。如图 3-21 所示，整个过程由歧化、异构化、吸附分离及脱 C_9 以上的芳烃蒸馏四个部分组成。

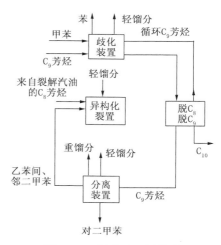

图 3-21 制取对二甲苯的
总流程示意图

（一）歧化或烷基转移生产苯与二甲苯

1. 反应原理

甲苯歧化和甲苯与 C_9 芳烃的烷基转移工艺是增产苯与二甲苯的有效手段。芳烃的歧化反应一般是指两个相同芳烃分子在催化剂作用下，一个芳烃分子的侧链烷基转移到另一个芳烃分子上去的过程。而烷基转移反应是指两个不同芳烃分子间发生烷基转移的过程。

主反应：

① 歧化反应：

② 烷基转移反应：

副反应：

① 在临氢条件下发生加氢脱烷基反应，生成甲烷、乙烷、丙烷、苯、甲苯、乙苯等；

② 歧化反应、由二甲苯生成甲苯、三甲苯等，即主反应中烷基转移的逆过程；

③ 烷基转移、如苯和三甲苯生成甲苯和四甲苯等；

④ 芳烃加氢、烃类裂解、苯烃缩聚等。

2. 操作条件

① 原料中三甲苯的浓度：投入原料 C_9 混合芳烃馏分中只有三甲苯是生成二甲苯的有效成分，所以原料 C_9 芳烃馏分中三甲苯的浓度高低，将直接影响反应的结果。当原料中三甲苯浓度为50%左右时，生成物中 C_8 芳烃的浓度为最大。为此应采用三甲苯浓度高的 C_9 芳烃

作原料。

② 反应温度：歧化和烷基转移反应都是可逆反应。由于热效应较小，温度对化学平衡影响不大，而催化剂的活性一般随反应温度的提高而升高。温度升高，反应速度加快，转化率升高，但苯环裂解等副反应增加，目的产物收率降低。温度低，虽然副反应少、原料损失少，但转化率低，造成循环量大、运转费用高。在生产中主要选择能确保转化率的温度，当温度为 400~500℃ 时，相应的转化率为 40%~45%。

③ 反应压力：此反应无体积变化，所以压力对平衡组成影响不明显。但是，压力增加既可使反应速度加快，又可提高氢分压，有利于抑制积炭，从而提高催化剂的稳定性。一般选取压力为 2.6~3.5MPa。

④ 氢油比：主反应虽然不需要氢，但氢的存在可抑制催化剂的积炭倾向。可避免催化剂频繁再生，延长运转周期，同时氢气还可起到热载体的作用。但是，氢量过大，反应速度下降，循环费用增加。此外，氢油比与进料组成有关，当进料中 C_9 芳烃较多时，由于 C_9 芳烃比甲苯易产生裂解反应，所以需提高氢油比。当 C_9 芳烃中甲乙苯和丙苯含量高时，更应该提高氢油比，一般氢油比（摩尔）为 10∶1，氢气纯度>80%。

⑤ 空速：反应转化率随空速降低而升高，但当转化率达 40%~45% 时，其增加的速率显著降低。此时，如空速继续降低，转化率增加甚微，相反导致设备利用率下降。

3. 工艺流程

以甲苯和 C_9 芳烃为原料的歧化和烷基转移生产苯和二甲苯的工业生产方法主要有两种。一种是加压临氢气相法，另一种是常压不临氢气相法。

以下介绍应用最广泛加压临氢气相法，其工艺流程如图 3-22 所示。原料甲苯、C_8 芳烃及循环甲苯、循环 C_9 芳烃和氢气混合后，经换热器预热、加热炉 1 加热到反应温度（390~500℃），以 3.4MPa 压力和 1.14h^{-1} 空速（体积）进入反应器 2。加热炉的对流段设有废热锅炉。

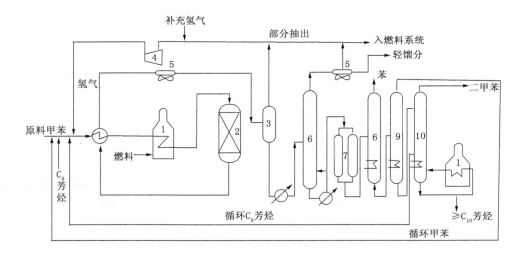

图 3-22　甲苯歧化和甲苯与 C_9 芳烃烷基转移工艺流程

1—加热炉；2—反应器；3—产品分离器；4—氢气压缩机；5—冷凝器；
6—汽提塔；7—白土塔；8—苯塔；9—甲苯塔；10—二甲苯塔

反应原料在绝热式固定床反应器 2 中进行歧化和烷基转移反应，产物经换热冷却后进入产品分离器 3 进行气液分离。产品分离器分出的大部分氢气，经循环氢压缩机 4 压缩返回反应系统，小部分循环气为保持氢气纯度而排放至燃料气系统或异构化装置，并补充新鲜氢气。产品分离器流出的液体去汽提塔 6 脱除轻馏分，塔底物料一部分进入再沸加热炉，以气液混合物返回塔中，另一部分物料经换热后进入白土塔 7。物料通过白土吸附，在白土塔中除去烯烃后依次进入苯塔 8、甲苯塔 9 和二甲苯塔 10。从苯塔和二甲苯塔顶分别馏出目的产品(含量>99.8%)苯和二甲苯。从甲苯塔顶和二甲苯塔侧线分别得到的甲苯和 C_8 芳烃，循环回反应系统，二甲苯塔底为 C_{10} 及 C_{10} 以上重芳烃。

(二) C_8 混合芳烃异构化

由各种方法制得的 C_8 芳烃，都是对二甲苯、邻二甲苯、间二甲苯和乙苯的混合物(称为 C_8 混合芳烃)，其组成视芳烃来源而异。不论何种来源的 C_8 芳烃，其中以间二甲苯含量最多，通常是对二甲苯和邻二甲苯的总和，而有机合成迫切需要的对二甲苯含量却不多。为了增加对二甲苯的产量，最有效的方法是通过异构化反应，将间二甲苯及其他 C_8 芳烃转化为对二甲苯。

异构化的实质是把对二甲苯含量低于平衡组成的 C_8 芳烃，通过异构后使其接近反应温度及反应压力下的热力学平衡组成。平衡组成与温度有关，不论在哪个温度下，其中对二甲苯含量并不高。因此，在生产中 C_8 芳烃异构化工艺必须与二甲苯分离工艺相联合，才能最大限度地生产对二甲苯。也就是说，先分离出对二甲苯(或对二甲苯和邻二甲苯)，然后将余下的 C_8 芳烃非平衡物料，通过异构化方法转化为对二甲苯、间二甲苯、邻二甲苯平衡混合物，再进行分离和异构。如此循环，直至 C_8 芳烃全部转化为对二甲苯。

主反应：

① 混合二甲苯可发生以下反应：

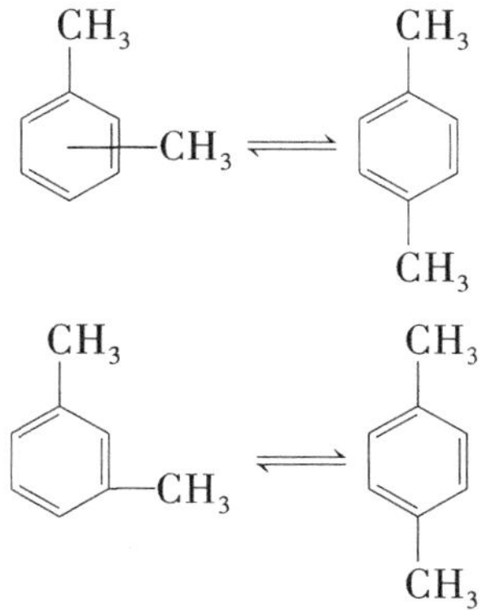

② 乙苯也能转化为二甲苯，反应历程为：

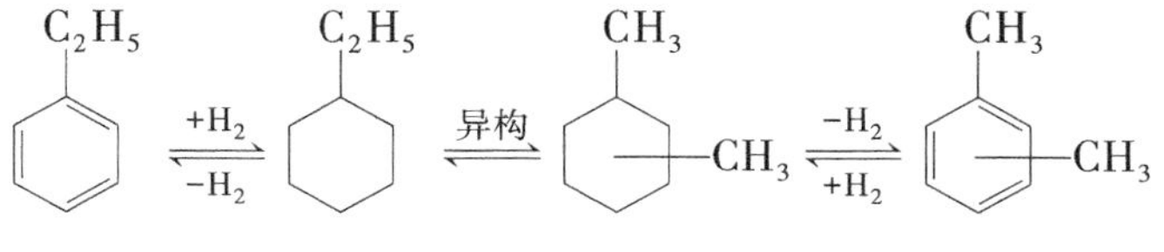

副反应：

① 二甲苯、乙苯加氢烷基化，生成甲烷、乙烷、苯、甲苯等；

② 二甲苯加氢开环裂解，最终生成低级烷烃；

③ 二甲苯、乙苯发生歧化，生成苯、甲苯、三甲苯、二乙苯等。

可见，异构化产物是对位、间位、邻位三种二甲苯异构体混合物，还有少量的苯、甲苯及 C_9 以上芳烃、C_8 非芳烃、$C_1 \sim C_4$ 烷烃等。

（三）芳烃精馏脱除 C_9 以上芳烃

用精馏方法除去 C_9 以上芳烃，将所得混合二甲苯送二甲苯分离装置分离。

（四）混合二甲苯的分离

C_8 芳烃中各组分的主要物理性质见表 3-8。

表 3-8 芳烃的沸点与熔点

项目	乙苯	对二甲苯	间二甲苯	邻二甲苯
沸点/℃	136.186	138.351	139.104	144.411
熔点/℃	-94.975	13.263	-47.872	-25.173

其中对二甲苯与间二甲苯之间的沸点差仅为 0.572℃，难于用一般精馏法予以分离。用于分离二甲苯的方法主要有深冷分步结晶分离法和模拟移动床吸附分离法。

由表 3-8 可见，虽然各种 C_8 芳烃的沸点相近，但它们的熔点相差较大，其中以对二甲苯的熔点为最高。因此，将 C_8 芳烃逐步冷凝，首先对二甲苯被结晶出来，然后滤除液态的邻二甲苯、间二甲苯和乙苯，则得晶体对二甲苯。

所谓吸附分离法就是利用某种固体吸附剂，有选择地吸附混合物中某一组分，随后使其从吸附剂上解吸出来，从而达到分离的目的。吸附分离 C_8 混合芳烃是采用液相操作，其原理是选择分子筛作为吸附剂，它对于对二甲苯吸附能力较强，而对其他的二甲苯异构体吸附能力较弱，从而使对二甲苯可以从混合二甲苯中被分子筛吸附；然后用一种液体脱附剂冲洗，使对二甲苯从分子筛吸附剂上脱附；最后用精馏的方法分离对二甲苯和脱附剂，从而达到分离对二甲苯与其他异构体的目的。

以上三个部分即异构化、混合二甲苯分离和脱 C_9 以上芳烃的精馏的流程见图 3-23 所示。

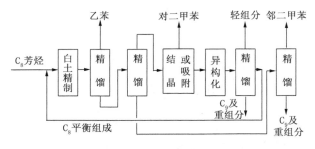

图 3-23 异构化、混合二甲苯分离和脱 C_9 以上芳烃流程示意图

第五节　甲醇的生产

2010 年我国甲醇生产能力已达到 $3756.5 \times 10^4 \mathrm{t}$，成为世界第一大甲醇生产国。工业上生产甲醇曾有过许多方法，目前主要采用合成气（CO 和 H_2 的混合物）为原料的化学合成法。合成气反应活性好，是优质的原料。此外，用合成气化学法代替传统的甲醇加工方法，能够

降低原材料及能量消耗，提高产品的经济效益。例如，合成气化学法可以利用其他方法无法使用的有机废料，单独地或与煤联合作为生产甲醇的初始原料。因此，合成气作为制备甲醇的原料，具有广阔的前景。

一、生产原料——合成气的制备

合成气最先以固体燃料（煤）为原料，在常压或加压下气化，用水蒸气和氧气与之反应，生产出的水煤气作甲醇生产的原料。20 世纪 50 年代以来，原料结构发生了一些变化，改为以气态烷烃、液体石油馏分为原料生产合成气，近几年以煤为原料生产合成气的比例又有了提高，2010 年我国以煤为原料的甲醇装置产能占国内总产能的 63%，以天然气为原料的占 21.2%，以焦炉气为原料的占 15.8%。本章主要介绍由天然气生产合成气的工艺。以天然气为原料生产合成气的方法主要有水蒸气转化法和部分氧化法等。

1. 天然气水蒸气转化法

在高温和催化剂存在下，天然气与水蒸气反应生产合成气的方法称为水蒸气转化法，是目前工业生产应用最广泛的方法。

甲烷与水蒸气在催化剂上发生的反应为：

$$CH_4 + H_2O \rightleftharpoons CO + 3H_2$$

天然气中所含的多碳烃类与水蒸气发生类似反应：

$$C_nH_m + nH_2O \rightleftharpoons nCO + (n+m/2)H_2$$

2. 部分氧化法

部分氧化法是指用氧气（或空气）将烷烃部分氧化制备合成气的方法。甲烷在高温和有氧气存在的条件下，发生如下反应：

$$CH_4 + 1/2O_2 \longrightarrow CO + 2H_2 + 35.60$$

二、合成气生产甲醇的原理

1. 主、副反应

主反应：

$$CO + 2H_2 \rightleftharpoons CH_3OH$$

当有二氧化碳存在时，二氧化碳按下列反应生成甲醇：

$$CO_2 + H_2 \rightleftharpoons CO + H_2O$$

$$CO + 2H_2 \rightleftharpoons CH_3OH$$

两步反应的总反应式为：

$$CO_2 + 3H_2 \rightleftharpoons CH_3OH + H_2O$$

副反应：

① 平行副反应：

$$CO + 3H_2 \rightleftharpoons CH_4 + H_2O$$

$$2CO + 2H_2 \rightleftharpoons CO_2 + CH_4$$

$$4CO + 8H_2 \rightleftharpoons C_4H_9OH + 3H_2O$$

$$2CO + 4H_2 \rightleftharpoons CH_3OCH_3 + H_2O$$

当有金属铁、钴、镍等存在时，还可以发生生炭反应。

② 连串副反应：

$$2CH_3OH \rightleftharpoons CH_3OCH_3 + H_2O$$

$$CH_3OH + nCO + 2nH_2 \rightleftharpoons C_nH_{2n+1}CH_2OH + nH_2O$$

$$CH_3OH + nCO + 2(n-1)H_2 \rightleftharpoons C_nH_{2n+1}COOH + (n-1)H_2O$$

这些副反应的产物还可以进一步发生脱水、缩水、酰化或酮化等反应，生成烯烃、酯类、酮类等副产物。当催化剂中含有碱性化合物时，这些化合物生成更快。

副反应不仅消耗原料，而且影响粗甲醇的质量和催化剂的寿命。特别是生成甲烷的反应是一个强放热反应，不利于操作控制，而且生成的甲烷不能随产品冷凝，存在于循环系统中更不利于主反应的进行。

2. 催化剂

目前工业生产中广泛采用的是 ZnO 基和 CuO 基的二元或多元催化剂。其中，以 ZnO 或 CuO 为主催化剂，同时还要加入一些助催化剂。

ZnO 催化剂中加入的助催化剂往往是一些难还原的金属氧化物，它们本身无活性，但都具有较高的熔点，能阻止主催化剂的老化。作为助催化剂的金属氧化物有 Cr_2O_3、Al_2O_3、V_2O_5、MgO、ThO_2、TaO_2 和 CdO，其中最有效的成分为 Cr_2O_3。在 CuO 基催化剂中，加入结构型助催化剂 Al_2O_3，起着分散和间隔活性组分的作用，加入适量的 Al_2O_3 可提高催化剂的活性和热稳定性。我国目前使用的是 C301 型 Cu 系催化剂，为 Cu-Zn-Al 三元催化剂，活性组分为 CuO，加入 ZnO 可以提高催化剂的热稳定性和活性。

CuO 和 ZnO 两种组分有相互促进的作用。实验证明，CuO-ZnO 催化剂的活性比任何单独一种氧化物都高。但该二元催化剂对老化的抵抗力差，并对毒物十分敏感。有实际意义的含铜催化剂都是三组分氧化物催化剂，第三组分是 Al_2O_3 或 Cr_2O_3。由于铬对人体有害，因此，工业上 CuO-ZnO-Al_2O_3 应用更为普遍。

三、生产甲醇的操作条件

为了减少副反应，提高收率，选择适宜的工艺条件非常重要。工艺条件主要有温度、压力、空速和原料气组成等。

1. 反应温度

由合成气合成甲醇的反应为可逆放热反应，其总速度是正、逆反应速度之差。随着反应温度的增加，正、逆反应的速度都要增加，但是吸热方向（逆反应）反应速度增加的更多。因此，可逆放热反应的总速度的变化有一个最大值，此最大值对应的温度即为"最适宜温度"，它可以从反应速度方程式计算出来。

实际生产中的操作温度取决于一系列因素，如催化剂、压力、原料气组成、空间速度和设备使用情况等，尤其取决于催化剂。高压法锌铬催化剂上合成甲醇的操作温度是低于最适宜温度的。在催化剂使用初期为 380～390℃，后期提高到 390～420℃。温度太高，催化剂活性和机械强度很快下降，而且副反应严重。低、中压合成时，铜催化剂特别不耐热，温度不能超过 300℃，而 200℃ 以下反应速度又很低，所以最适宜温度确定为 240～270℃。反应初期，催化剂活性高，控制在 240℃，后期逐渐升温到 270℃。

2. 反应压力

与副反应相比，合成甲醇的主反应是摩尔数减少最多而平衡常数最小的反应，因此，增加压力对提高甲醇的平衡浓度和加快主反应速率都是有利的。反应压力越高，甲醇生成量越多。但是增加压力要消耗能量，而且还受设备强度限制，因此，需要综合各项因素确定合理

100

的操作压力。用 $ZnO-Cr_2O_3$ 催化剂时，反应温度高，由于受平衡限制，必须采用高压，以提高其推动力。而采用铜基催化剂时，由于其活性高，反应温度较低，反应压力也相应降至 $5\sim10MPa$。

3. 原料气组成

甲醇合成反应原料气的化学计量比为 $H_2:CO=2:1$，但生产实践证明，一氧化碳含量高不好，不仅对温度控制不利，而且会引起羰基铁在催化剂上的积聚，使催化剂失去活性，故一般采用氢过量。氢过量可以抑制高级醇、高级烃和还原性物质的生成，提高粗甲醇的浓度和纯度。同时，过量的氢可以起到稀释作用，且因氢的导热性能好，有利于防止局部过热和控制整个催化剂床层的温度。

原料气中氢气和一氧化碳的比例对一氧化碳生成甲醇的转化率也有较大影响，增加氢浓度，可以提高一氧化碳的转化率。但是，氢过量太多会降低反应设备的生产能力。工业生产上采用铜基催化剂的低压法甲醇合成，一般控制氢气与一氧化碳的摩尔比为 $(2.2\sim3.0):1$。

由于二氧化碳的比热容比一氧化碳高，其加氢反应热效应却较小，故原料气中有一定含量的二氧化碳时，可以降低反应峰值温度。对于低压法合成甲醇，二氧化碳含量体积分数为5%时甲醇收率最好。此外，二氧化碳的存在也可抑制二甲醚的生成。

原料气中有氮及甲烷等惰性物存在时，使氢气及一氧化碳的分压降低，导致反应转化率下降。由于合成甲醇空速大，接触时间短，单程转化率低，因此，反应气体中仍含有大量未转化的氢气和一氧化碳，必须循环使用。为了避免惰性气体的积累，必须将部分循环气从反应系统中排出，使反应系统中的惰性气体含量保持在一定浓度范围。工业生产上一般控制循环气量为新鲜原料气量的 $3.5\sim6$ 倍。

4. 空间速度

空间速度的大小影响甲醇合成反应的选择性和转化率。表3-9列出了在铜基催化剂上转化率、生产能力随空间速度的变化数据。

表 3-9　铜基催化剂上空间速度与转化率、生产能力

空间速度/h^{-1}	CO 转化率/%	粗甲醇产量/[m^3/(m^3 催化剂·h)]
20000	50.1	25.8
30000	41.5	26.1
40000	32.2	28.4

从表3-9可以看出，增加空速在一定程度上能够增加甲醇产量。另外，增加空速有利于反应热的移出，防止催化剂过热。但空速太高，转化率降低，导致循环气量增加，从而增加能量消耗。同时，空速过高会增加分离设备和换热负荷，引起甲醇分离效果降低；甚至由于带出热量太多，造成合成塔内的催化剂温度难以控制。适宜的空速与催化剂的活性、反应温度及进塔气体的组成有关。采用铜基催化剂的低压法合成甲醇，工业生产上一般控制空速为 $10000\sim20000h^{-1}$，锌基催化剂一般为 $35000\sim40000h^{-1}$。

四、生产甲醇的工艺流程

工业上合成甲醇工艺流程主要有高压法和中、低压法几种，在此主要介绍低压工艺流程。

低压工艺流程是指采用低温、低压和高活性铜基催化剂，在5MPa左右压力下，由合成

气合成甲醇的工艺流程，如图 3-24 所示。

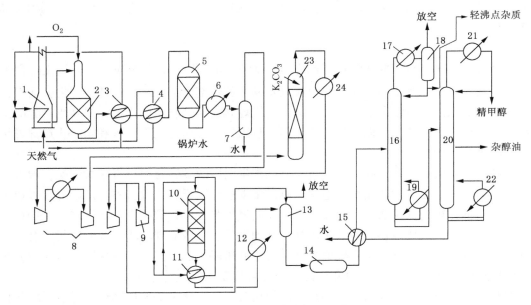

图 3-24　低压法甲醇合成的工艺流程

1—加热炉；2—转化炉；3—废热锅炉；4—加热器；5—脱硫器；6、12、17、21、24—水冷器；
7—汽液分离器；8—合成气压缩机；9—循环气压缩机；10—甲醇合成塔；11、15—热交换器；
13—甲醇分离器；14—粗甲醇中间槽；16—脱轻组分塔；18—分离塔；19、22—再沸塔；
20—甲醇精馏塔；23—CO₂ 吸收塔

天然气经加热炉 1 加热后，进入转化炉 2 发生部分氧化反应生成合成气，合成气经废热锅炉 3 和加热器 4 换热后，进入脱硫器 5，脱硫后的合成气经水冷却和气液分离器 7，分离除去冷凝水后进入合成气三段离心式压缩机 8，压缩至稍低于 5MPa。从压缩机第三段出来的气体不经冷却，与分离器出来的循环气混合后，在循环压缩机 9 中压缩到稍高于 5MPa 的压力，进入合成塔 10。循环压缩机为单段离心式压缩机，它与合成气压缩机一样都采用气轮机驱动。

合成塔顶尾气经转化后含 CO_2 量稍高，在压缩机的二段后将气体送入 CO_2 吸收塔 23，用 K_2CO_3 溶液吸收部分 CO_2，使合成气中 CO_2 保持在适宜值。吸收了 CO_2 的 K_2CO_3 溶液用蒸汽直接再生，然后循环使用。

合成塔中填充 $CuO-ZnO-Al_2O_3$ 催化剂，于 5MPa 压力下操作。由于强烈的放热反应，必须迅速移出热量，流程中采用在催化剂层中直接加入冷原料的冷激法，保持温度在 240~270℃ 之间。经合成反应后，气体中含甲醇 3.5%~4%（体积），送入加热器 11 以预热合成气，塔 10 釜部物料在水冷器 12 中冷却后进入分离器 13。粗甲醇送中间槽 14，未反应的气体返回循环压缩机 9。为防止惰性气体的积累，把一部分循环气放空。

粗甲醇中甲醇含量约 80%，其余大部分是水。此外，还含有二甲醚及可溶性气体，称为轻馏分。水、酯、醛、酮、高级醇称为重馏分。以上混合物送往脱轻组分塔 16，塔顶引出轻馏分，塔底物送甲醇精馏塔 20，塔顶引出产品精甲醇，塔底为水，接近塔釜的某一塔板处引出含异丁醇等组分的杂醇油。产品精甲醇的纯度可达 99.85%（质量）。

复习思考题

1. 烃类裂解的原料主要有哪些？选择原料应考虑哪些方面？
2. 不同烃类热裂解的反应规律是什么？
3. 裂解过程中为何加入水蒸气？水蒸气的加入原则是什么？
4. 选择裂解温度主要考虑哪些因素？
5. 停留时间的长与短对裂解有何影响？
6. 从动力学和热力学角度分别分析压力对裂解过程的影响。
7. 停留时间与裂解温度的关系如何？
8. 裂解炉和急冷锅炉的清焦条件是什么？
9. 结焦和生炭在机理上有何不同？
10. 为什么在生产中要促进一次反应、抑制二次反应？
11. 水蒸气作为稀释剂的有哪些优点？
12. "间接急冷"与"直接急冷"各有何优缺点？
13. 轻柴油裂解生产工艺流程包括哪四部分？
14. 清焦的方法有哪些？并进行说明？
15. 在石油烃热裂解中，为什么不采用抽真空降总压的方法？
16. 深冷分离主要由哪几个系统组成？各系统的作用分别是什么？
17. 裂解气为什么要进行压缩？
18. 简述复迭制冷的原理，它与一般的制冷有何区别？
19. 裂解气深冷分离为何采用多段压缩技术？
20. 裂解气分离的目的是什么？工业上采用哪些分离方法？
21. 酸性气体的主要组成是什么？有何危害？
22. 比较碱洗法与乙醇胺法的优缺点。
23. 脱除酸性气体主要用什么方法，其原理分别是什么？
24. 为什么要脱除裂解气中的炔烃？脱炔的工业方法有哪几种？
25. 说明裂解气中水的来源以及危害，常用的脱水的方法有哪些？
26. 说明 CO 的来源及危害，脱除 CO 的主要方法是什么？
27. 比较前加氢与后加氢的优缺点。
28. 写出加氢除炔的主副反应方程式，并说明催化剂的类型。
29. 比较三种深冷分离流程的特点。
30. 丁二烯的来源有哪些？
31. 说明 ACN 法生产丁二烯的特点。
32. DMF 法生产丁二烯的特点有哪些？
33. 叙述 NMP 法生产丁二烯的特点。
34. 简述萃取精馏的基本原理。
35. 萃取精馏操作应注意哪些问题？
36. 普通精馏和萃取精馏在回流比选择上有什么不同？

103

37. 为什么普通精馏不能分离得到高纯度的丁二烯？

38. 分析溶剂比对萃取精馏的影响。

39. 分析溶剂的物理性质对萃取精馏的影响。

40. 溶剂进塔温度对萃取精馏有何影响？

41. 溶剂含水量对萃取精馏有何影响？

42. 简述以生产芳烃为目的的催化重整过程。

43. 试举例说出催化重整中发生了哪几种类型的化学反应。

44. 说明催化重整原料预处理的几个关键步骤是什么。

45. 说明芳烃抽提的目的及工业多采用哪些方法。

46. 在裂解汽油加氢工艺过程中，为何采用两段加氢？

47. 由甲苯制取对二甲苯的反应机理是什么？

48. 如何由 C_8 混合芳烃制取对二甲苯？

49. C_8 混合芳烃的分离方法有哪些？其原理分别是什么？

50. 说明用天然气生产合成气的主要方法，并写出相应的反应方程式。

51. 写出合成气制甲醇的主反应及主要副反应方程式。

52. 甲醇合成反应的原料气中为什么一般采用氢过量？

53. 简述合成气合成甲醇中净化工序的两个方面具体内容。

第四章 中间产品的生产

通过第三章的学习，我们已经掌握了七个石油化工基础产品——乙烯、丙烯、丁二烯、苯、甲苯、二甲苯及甲醇的生产技术，由这些基础产品作为原料进一步加工生产出的各种化学品，作为进一步加工的原料使用时，通常称为石油化学工业的中间产品。

目前，乙烯的产量在各种石油化工产品中居首位。通过乙烯的聚合、氧化、卤化、烷基化、水合、羰基化、齐聚等反应的实现，可以得到一系列极有价值的乙烯衍生物，如聚乙烯、环氧乙烷、乙二醇、乙醛、乙酸（醋酸）、醋酸乙烯、乙苯等。其中，乙烯最大的消费是塑料工业，特别是聚乙烯的生产。由乙烯出发还可生产溶剂、表面活性剂、增塑剂、合成洗涤剂、农药、医药等。本章主要介绍以乙烯为原料生产氯乙烯的工艺过程（在第五章介绍聚乙烯和聚氯乙烯的生产过程）。

丙烯主要用于生产聚丙烯、丙烯腈、苯酚和丙酮、丁醇和辛醇、异丙醇、丙烯酸及其酯类、环氧丙烷等。聚丙烯是我国丙烯最大的消费衍生物，丙烯腈排第二名。本章主要介绍丙烯腈的生产技术（第五章介绍聚丙烯腈的生产）。

丁二烯是生产合成橡胶、合成树脂的重要单体，主要用于生产顺丁橡胶、丁苯橡胶、丁腈橡胶、氯丁橡胶、ABS 树脂等，本章不再选取它的中间产品进行介绍（在第五章介绍丁苯橡胶的生产）。

芳烃原来多用于炸药、染料、医药和农药等方面，现在已扩展到三大合成材料，合成洗涤剂和增塑剂等新兴工业。目前，芳烃已成为三大合成材料的基本原料之一，许多性质优良、产量较大的合成材料，大多以芳烃为主要原料。轻质石油芳烃中苯主要用于生产苯乙烯、甲苯可通过歧化和烷基转移生产苯和二甲苯、二甲苯中应用最广泛的是对二甲苯，主要用于生产对苯二甲酸，所以本章选取苯乙烯和对苯二甲酸两个产品的生产技术向大家介绍。

目前甲醇应用有以下主要方面，甲醛是甲醇的传统下游产品，多年来稳居甲醇消费的首位，2010 年占我国甲醇消费的 27%，醋酸是甲醇的另一种传统下游产品，2010 年占我国甲醇消费的 11%。同时甲醇作为替代能源已经成为一种趋势，甲醇替代能源的目标主要是：甲醇制二甲醚替代民用液化石油气和柴油，甲醇燃料替代汽油，甲醇制烯烃替代传统的石化产品，所以预期以甲醇为原料会生产出更多的化工产品。本章主要向大家介绍以甲醇为原料生产醋酸的生产技术。

第一节 乙烯氧氯化生产氯乙烯

一、氯乙烯的性质和用途

氯乙烯在常温常压下是一种无色的有乙醚香味的气体，沸点 −13.9℃，临界温度 140℃，临界压力为 5.12MPa，尽管它的沸点低，但稍加压力，就可得到液体的氯乙烯。

氯乙烯易燃，闪点小于 −17.8℃，与空气容易形成爆炸性混合物，其爆炸范围为 4%~21.7%（体积）。氯乙烯易溶于丙酮、乙醇、二氯乙烷等有机溶剂中，微溶于水，在水中的溶解度是 0.0001g/L。

氯乙烯具有麻醉作用，在 20%~40%（质量）的浓度下，会使人立即致死，在 10%（质量）的浓度下，一小时内呼吸管内急动而逐渐缓慢，最后微弱以致停止呼吸。慢性中毒会使人有晕眩感觉，同时对肺部有刺激，因此，氯乙烯在空气中的允许浓度为 $500\mu g/g$。

氯乙烯是聚氯乙烯的单体，在引发剂的存在下，易聚合成聚氯乙烯。聚氯乙烯在工业上和日用品生产上具有广泛的用途。因此，氯乙烯的生产在石油化工生产中占有重要的地位。

二、平衡氧氯化法生产氯乙烯

平衡氧氯化生产工艺仍是已工业化的、生产氯乙烯单体最先进的技术，在世界范围内，93%的聚氯乙烯树脂都采用由平衡氧氯化法生产的氯乙烯单体聚合而成。该法具有反应器能力大、生产效率高、生产成本低、单体杂质含量少和可连续操作等特点。

氧氯化法是以氧氯化反应为基础。所谓氧氯化反应就是在催化剂的作用下，以氯化氢和氧的混合物作为氯源而使用的一种氯化反应。换言之，就是在催化剂存在下将氯化氢的氧化和烃的氯化一步进行的方法。

$$CH_2\!=\!CH_2+2HCl+\frac{1}{2}O_2\longrightarrow CH_2ClCH_2Cl+H_2O$$

平衡氧氯化法生产氯乙烯，包括三步反应：

① 乙烯直接氯化：$CH_2\!=\!CH_2+Cl_2\longrightarrow CH_2ClCH_2Cl$

② 二氯乙烷裂解：$2CH_2ClCH_2Cl\longrightarrow 2CH_2\!=\!CHCl+2HCl$

③ 乙烯氧氯化：$CH_2\!=\!CH_2+2HCl+\frac{1}{2}O_2\longrightarrow CH_2ClCH_2Cl+H_2O$

总反应式：$2CH_2\!=\!CH_2+Cl_2+\frac{1}{2}O_2\longrightarrow 2CH_2\!=\!CHCl+H_2O$

其工艺过程如图 4-1 所示。

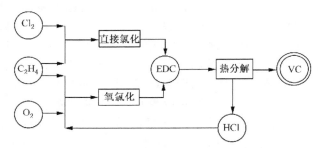

图 4-1 平衡氧氯化法生产氯乙烯的工艺流程框图

由图 4-1 可见，该法生产氯乙烯的原料只需乙烯、氯和空气（或氧），氯化氢可以全部被利用，其关键是要计算好乙烯与氯加成和乙烯氧氯化两个反应的反应量，使 1,2-二氯乙烷裂解所生成的 HCl 恰好满足乙烯氧氯化所需的 HCl。这样才能使 HCl 在整个生产过程中始终保持平衡，所以称为平衡氧氯化法，现分别介绍三步的生产过程。

（一）乙烯直接氯化

1. 反应原理及催化剂

由于乙烯的双键活泼，它能和卤素发生加成反应生成卤代烷。乙烯与氯气的加成反应是属于离子型反应，此反应是在催化剂存在条件下，并在极性溶剂中进行。工业上常用的催化剂为 $FeCl_3$，溶剂为 1,2-二氯乙烷。反应式为：

$$CH\!=\!CH+Cl_2\longrightarrow CH_2Cl\!-\!CH_2Cl$$

同时，还会有生成多氯乙烷的副反应。另外，原料乙烯中还夹带甲烷和微量丙烯，在与

106

氯气进行加成反应时，这些夹带物也会能生成四氯甲烷和3-氯丙烯。

该反应可以在气相中进行，也可以在溶剂中进行。气相反应由于放热大，散热困难，不易控制，所以不常用，工业上常用的是液相反应，采用二氯乙烷作溶剂。

2. 工艺影响因素

（1）乙烯与氯的配比

乙烯与氯气的摩尔比常是乙烯:氯气=1.1:1。乙烯要求略过量，目的是保证氯气反应完全，使尾气不含氯气，避免氯气和原料气中的氢气直接接触，引起爆炸危险。乙烯过量还可以使氯化液中游离氯含量降低，以减少对设备的腐蚀及有利于后处理。生产中控制尾气中氯含量为0~0.5%，乙烯含量要小于1.5%。

（2）反应温度

乙烯氯化反应温度为25~40℃。因为反应是放热反应，温度升高使甲烷氯化等副反应增多，对主反应不利。但反应温度过低，则使反应速度太慢。

（3）反应压力

从乙烯氯化反应分析可知加压对反应有利，若采用加压氯化，必须采用氯汽化得来的加压氯气，由于原料氯加压困难，所以反应一般在常压下进行。

（4）空速

空速直接影响设备的生产能力，在保证达到所要求的反应转化率前提下来提高空速，若采用塔径为450mm的塔进行反应，混合气空速为98.1h^{-1}为宜。

3. 工艺流程

如图4-2所示，稀乙烯与氯气一起通过喷嘴通入氯化塔1底部。氯化塔属于气液相鼓泡反应器，该塔内充满二氯乙烷，乙烯和氯气在二氯乙烷中进行反应。催化剂FeCl$_3$由投入铁环产生，反应温度为25~40℃，常压操作。为了保证气液相良好接触，还采用了外循环冷却器。外循环冷却器中的液体和塔内液体因塔内的鼓泡作用和温度不一致，使液体相对密度不同，而形成循环，能起搅拌作用，改善氯化效果。塔下部设有夹套冷却器，协助移走反应热。氯化反应液含有1,2-二氯乙烷及一些低沸点、高沸点副产物和酸性无机杂质，从塔

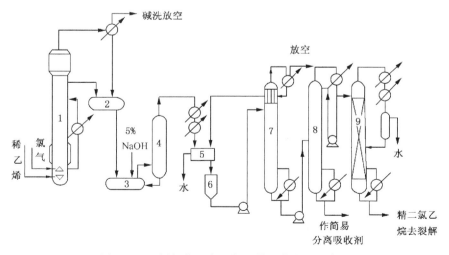

图4-2　乙烯氯化生产二氯乙烷工艺流程示意图

1—氯化塔；2—中间槽；3—卧式储罐；4—闪蒸罐；5—分层槽；
6—低沸塔进料槽；7—低沸塔；8—高沸塔；9—脱水塔

上侧溢流管流入中间槽 2，塔顶扩大部分的作用是减少雾沫夹带。反应尾气由塔顶流出，由冷凝器把尾气中带出的一部分二氯乙烷冷凝回入中间槽，残余气体经碱洗后放空。

氯化液由中间槽进入卧式储槽 3 中，用 5%NaOH 溶液中和酸性杂质后入闪蒸塔 4，闪蒸塔釜内装有 U 形蒸汽加热管，把二氯乙烷和水蒸出，以分去 $FeCl_3$ 等无机杂质。闪蒸塔塔顶蒸汽冷凝后入分层槽 5，上层水回入水槽作为配碱用，下层为纯度 90%~95% 的粗二氯乙烷，入低沸塔进料槽 6。

粗二氯乙烷由低沸塔进料槽流出，用泵打入低沸塔 7 上部，塔顶温度控制在 40~60℃，塔顶尾气经冷凝后放空，冷凝液回分层槽 5。塔釜温度为 92~94℃，塔釜为含高沸物的二氯乙烷，用泵打入高沸塔 8 中部。高沸塔塔顶温度为 84~86℃，塔顶蒸出的二氯乙烷纯度大于99.5%，其中尚含有水，由脱水塔 9 塔顶进料，脱水塔塔顶温度控制在二氯乙烷和水的共沸点 72~76℃，得到二氯乙烷和水的共沸物，经静止分层，分出水层，二氯乙烷层回流入塔。脱水塔塔釜温度为 90℃ 左右，经脱水合格的二氯乙烷送去裂解。

（二）二氯乙烷裂解

1. 反应原理

二氯乙烷气相热裂解脱氯化氢是目前工业上生产氯乙烯的主要方法。二氯乙烷在高温下脱去氯化氢即得氯乙烯。

$$CH_2Cl{-}CH_2Cl \longrightarrow CH_2{=\!=}CHCl + HCl$$

此反应是吸热的可逆反应，同时发生以下副反应：

$$CH_2{=\!=}CHCl \longrightarrow CH{\equiv}CH + HCl$$

$$CH_2{=\!=}CHCl + HCl \longrightarrow CH_3{-}CHCl_2$$

$$CH_2Cl{-}CH_2Cl \longrightarrow H_2 + 2C + 2HCl$$

2. 工艺影响因素

（1）原料纯度

原料中若含有抑制剂，则热解反应速度就会大大减慢，还会促进生焦。在二氯乙烷中对热解反应起抑制作用的主要杂质为 1,2-二氯丙烷。

原料中 1,2-二氯丙烷含量增加，导致反应转化率下降，若要达到所要求的转化率，则要提高裂解温度，这样副反应和焦炭生成量增多。同时温度提高后 1,2-二氯丙烷分解生成氯丙烯，对裂解反应起更大抑制作用。所以，对于原料中 1,2-二氯丙烷的含量应严格控制在 0.3% 以下。热解反应其他的抑制剂还有 1,1-二氯乙烷，它对反应的抑制能力很弱。二氯乙烷中的其他杂质如苯、二氯甲院、三氯甲烷等对反应基本无影响。水对反应无抑制作用，但为了防止对炉管腐蚀，水分含量也就控制在 $100\mu g/g$ 以下。

（2）反应温度

二氯乙烷热解是吸热反应，提高反应温度对反应有利。实验证明，当反应温度低于450℃ 时，转化率很低，当温度升高到 500℃，反应速度大大加快。

但随着反应温度升高，主反应速度加快的同时，二氯乙烷深度裂解为乙炔和炭的副反应速度也增加。当反应温度大于 600℃，副反应速度将显著大于生成氯乙烯的速度。因此，反应温度的选择应从二氯乙烷转化率和氯乙烯收率两方面综合考虑，通常控制在 500~550℃，不应高于 600℃。

（3）反应压力

从二氯乙烷热解反应式可见，该反应为体积增大的反应，因此，提高反应压力对反应平衡不利。但在实际生产中常采用加压操作，其原因是为了改善反应设备的传热条件，使温度分布均匀，避免局部过热。加压还有利于抑制一些造成积炭的副反应，提高氯乙烯收率。从整个工艺流程考虑，加压操作还有利于降低产品分离温度，节省冷量，以及提高设备的生产能力。当二氯乙烷热解压力从 0.686MPa 提高到 2.45MPa 时，在相同的温度和停留时间下，转化率略有下降，但生产能力提高 1~1.5 倍，副产物中残渣含量降低 1/2~1/3。运转周期有明显增长。操作压力的最后确定还应兼顾设备条件等其他因素。目前生产中采用 0.588MPa（低压法）、0.98MPa（中压法）和 1.47MPa（高压法）等几种。

（4）停留时间

停留时间增加能使反应转化率提高，但与此同时，生焦等副反应增加，导致氯乙烯收率降低，运转周期缩短。生产上常采用低停留时间，以期得到高的收率及减少积炭。通常控制转化率在 50%~60% 左右，停留时间为 10s。

3. 工艺流程

由乙烯液相氯化和氧氯化获得的二氯乙烷，在管式炉中进行裂解得产物氯乙烯。管式炉的对流段设置有原料二氯乙烷的预热管，反应管设置在辐射段。二氯乙烷裂解制氯乙烯的工艺流程如图 4-3 所示。

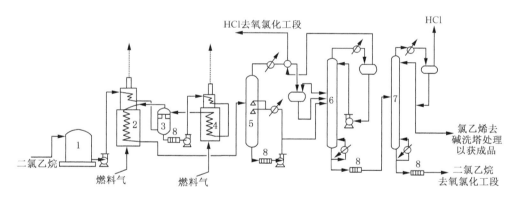

图 4-3　二氯乙烷裂解制取氯乙烯的工艺流程

1—二氯乙烷储槽；2—裂解反应炉；3—气液分离器；4—二氯乙烷蒸发器；
5—骤冷塔；6—氯化氢塔；7—氯乙烯塔；8—过滤器

用定量泵将精二氯乙烷从储槽 1 送入裂解炉 2 的预热段，借助裂解炉烟气将二氯乙烷物料加热并达到一定温度，此时有一小部分物料未气化。将所形成的气液混合物送入分离器 3，未气化的二氯乙烷经过滤器 8 过滤后，送至蒸发器 4 的预热段，然后进该炉的气化段气化。气化后的二氯乙烷经分离器 3 顶部进入裂解炉 2 辐射段。在 0.558MPa 和 500~550℃ 条件下，进行裂解获得氯乙烯和氯化氢。裂解气出炉后，在骤冷塔 5 中迅速降温并除炭。为了防止盐酸对设备的腐蚀，急冷剂不用水而用二氯乙烷，在此未反应的二氯乙烷会部分冷凝。出塔气体再经冷却冷凝，然后气液混合物一并进入氯化氢塔 6，塔顶采出主要为氯化氢，经致冷剂冷冻冷凝后送入储罐，部分作为本塔塔顶回流，其余送至氧氯化部分作为乙烯氧氯化的原料。

骤冷塔塔底液相主要含二氯乙烷，还含有少量的冷凝氯乙烯和溶解氯化氢。这股物料经冷却后，部分送入氯化氢塔进行分离，其余返回骤冷塔作为喷淋液。

氯化氢塔的培釜出料，主要组成为氯乙烯和二氯乙烷，其中含有微量氯化氢，该混合液送入氯乙烯塔 7，塔顶馏出的氯乙烯经用固碱脱除微量氯化氢后，即得纯度为 99.9% 的成品氯乙烯。塔釜流出的二氯乙烷经冷却后送至氧氯化工段，一并进行精制后，再返回裂解装置。

（三）乙烯氧氯化

1. 反应原理

乙烯氧氯化是指以乙烯、氯化氢、氧或空气为原料，以氯化铜为主催化剂，生产 1,2-二氯乙烷的反应。

$$C_2H_4 + 2HCl + \frac{1}{2}O_2 \longrightarrow CH_2Cl—CH_2Cl$$

这是一个强放热反应，反应热为 236.8kJ/mol，加上乙烯燃烧的放热量共计为 251.04kJ/mol。

氧氯化反应的主催化剂是氯化铜，含铜量在 1%～20% 左右。随着催化剂中的氯化铜的挥发，含铜量的减少，催化剂的活性便降低，且加剧了对设备的腐蚀。为了改善单组分催化剂的热稳定性差和使用寿命短的缺点，在催化剂中添加第二组分氯化钾，氯化钾与氯化铜形成不易挥发的复盐或低共熔混合物，从而稳定催化剂的活性和延长其寿命。

目前世界各国所用氧氯化催化剂，归纳起来大致可以分为单铜催化剂、二组分催化剂、多组分催化剂以及非铜催化剂等。

2. 工艺影响因素

（1）原料配比

理论上每 2mol 氯化氢消耗 1mol 乙烯，实际生产中控制乙烯稍过量，以维持稳定操作，其与氯化氢的摩尔比为 1.01∶2。

理论上每 2mol 氯化氢消耗 0.5mol 氧，在反应器中需要有过量的氧存在，氧气不足将使氯化氢转化不完全，或者是消耗催化剂本身的化学结合的氧而使催化剂活性下降。生产中采用氧气过量 30%～100%。

这样原料摩尔配比应为：

$$C_2H_4 ∶HCl ∶O_2（空气）= 1.01 ∶2 ∶(2.5～3)$$

（2）反应温度

因为氧氯化反应有水生成，这就要求反应温度不得低于物料的露点温度，以避免设备遭受盐酸的腐蚀。反应温度又不能过高，温度过高氯化铜易挥发，造成催化剂活性组分流失，使乙烯局部燃烧生成多氯化物，并使催化剂结焦。但在较高的温度下移去反应热较容易，一般氧氯化反应温度都选在 320～400℃ 之间。

（3）压力

常压和加压下反应皆可。加压可提高设备利用率，提高生产能力，一般选取 0.98MPa 以下的反应压力。

（4）原料纯度

原料乙烯纯度越高，氯化产品中杂质就越少，这对二氯乙烷的提纯十分有利。

原料气中如含乙炔，将会与氯化氢反应生成多氯化物，因此，要控制原料气中的乙炔含量。原料气氯化氢主要由二氯乙烷裂解制得，一般要进行除炔处理。

　　3. 工艺流程

　　乙烯氧氯化反应部分的工艺流程如图 4-4 所示。

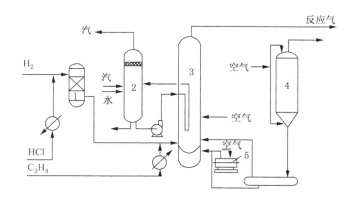

图 4-4　流化床乙烯氧氯化制二氯乙烷反应部分工艺流程图
1—加氢反应器；2—汽、水分离器；3—流化床反应器；4—催化剂储槽；5—空气压缩机

　　来自二氯乙烷裂解装置的氯化氢预热至170℃左右，与 H₂ 一起进入加氢反应器 1，在载于氧化铝上的钯催化剂存在下，进行加氢精制，使其中所含有害杂质乙炔选择加氢为乙烯。原料乙烯也预热到一定温度，然后与氯化氢混合后一起进入反应器 3。氧化剂空气则由空气压缩机 5 送入反应器，三者在分布器中混合后进入催化床层发生氧氯化反应。放出的热量借冷却管中热水的汽化而移走。反应温度则由调节汽、水分离器的压力进行控制。在反应过程中需不断向反应器内补加催化剂，以抵偿催化剂的损失。

　　氯乙烷的分离和精制部分的工艺流程如图 4-5 所示。自氧氯化反应器顶部出来的反应气含有反应生成的二氯乙烷，副产物 CO_2、CO 和其他少量的氯代衍生物，以及未转化的乙烯、氧、氯化氢及惰性气体，还有主、副反应生成的水。此反应混合气进入骤冷塔 1 用水喷淋骤冷至 90℃ 并吸收气体中氯化氢，洗去夹带出来的催化剂粉末。产物二氯乙烷以及其他氯代衍生物仍留在气相，从骤冷塔顶逸出，在冷却冷凝器中冷凝后流入分层器 4，与水分层分离后即得粗二氯乙烷。分出的水循环回骤冷塔。

　　从分层器出来的气体再经低温冷凝器 5 冷凝，回收二氯乙烷及其他氯代衍生物，不凝气体进入吸收塔 7，用溶剂吸收其中尚存的二氯乙烷等后，含乙烯1%左右的尾气排出系统。溶有二氯乙烷等组分的吸收液在解吸塔 8 中进行解吸，在低温冷凝器和解吸塔回收的二氯乙烷，一并送至分层器。

　　自分层器 4 出来的粗二氯乙烷经碱洗罐 9 碱洗、水洗罐 10 后进入储槽 11，然后在 3 个精馏塔中实现分离精制。第一塔为脱轻组分塔 12，以分离出轻组分；第二塔为二氯乙烷塔 13，主要得成品二氯乙烷；第三塔是脱重组分塔，在减压下操作，对高沸物进行减压蒸馏，从中回收部分二氯乙烷。精制的二氯乙烷，送去作裂解制氯乙烯的原料。

　　骤冷塔塔底排出的水吸收液中含有盐酸和少量二氯乙烷等氯代衍生物，经碱中和后进入汽提塔进行水蒸气汽提，回收其中的二氯乙烷等氯代衍生物，冷凝后进入分层器。

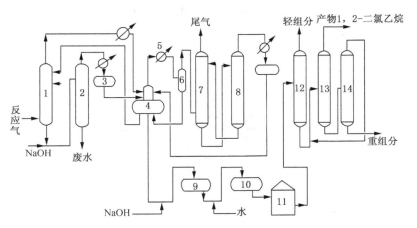

图 4-5 二氯乙烷分离和精制部分工艺流程图

1—骤冷塔；2—废水汽提塔；3—受槽；4—分层器；5—低温冷凝器；6—汽液分离器；7—吸收塔；
8—解吸塔；9—碱洗罐；10—水洗罐；11—粗二氯乙烷储槽；12—脱轻组分塔；13—二氯乙烷塔；14—脱重组分塔

第二节　丙烯氨氧化生产丙烯腈

一、丙烯腈的性质和用途

丙烯腈为无色、易燃、易爆微具刺激性臭味的液体。微溶于水，能与大多数有机溶剂，如丙酮、苯、四氯化碳、醋酸乙酯、甲醇、甲苯等互溶，能自聚，特别是在缺氧或暴露在可见光的情况下更易自聚，在浓碱存在下能强烈聚合。在标准状态下，或过分暴露在阳光下呈现黄色。在空气中的爆炸极限为 3.05% ~ 17.0%（体积）。丙烯腈具有剧毒，长时间吸入稀丙烯腈蒸气能引起恶心、呕吐、头痛、不适、疲倦等症状。丙烯腈蒸气能附着在皮肤上经皮肤吸收而中毒，工作场所丙烯腈最高允许浓度为 $20\mu g/g$。

丙烯腈是重要的有机原料之一，它是合成纤维、合成橡胶和塑料的单体和重要原料。丙烯腈主要用作聚丙烯腈纤维，我国商品名称叫做腈纶，它是合成纤维的主要品种之一。腈纶纤维比羊毛结实、轻软、保温性能好、不怕日晒、水洗、虫蛀、能耐酸碱腐蚀，俗称"合成羊毛"，腈纶与棉、毛混纺，可以制成各种厚薄衣料，还可以做毛毯、毛线、人造毛皮等。

丙烯腈和丁二烯可以生产丁腈橡胶。这种橡胶耐油，不怕汽油浸泡，可以做飞机油箱衬里和一些要求耐油的橡胶制品。

丙烯腈与丁二烯、苯乙烯共聚生产的丙烯腈-丁二烯-苯乙烯塑料（简称 ABS 塑料），其硬度、韧性、耐腐蚀性很好，表面硬而有光泽，容易加工。丙烯腈与苯乙烯共聚生产的 AS 塑料耐油、耐热、抗冲击性能良好。这些塑料常用于汽车和电器上，在日常生活中也有很多应用。

丙烯腈还可以制取许多重要化工产品，如用作涂料、抗水剂、黏合剂等。丙烯腈电解加氢偶联可制得己二腈，由己二腈加氢又可得己二胺，己二胺与己二酸缩聚，即可得尼龙 66，这样又为丙烯腈开辟了一个十分广阔的应用领域。

二、丙烯氨氧化法生产丙烯腈

1950 年出现了丙烯氨氧化法合成丙烯腈的工业方法。这个方法又分一步法和二步法。一步法优点较多，工艺流程简短，所用原料充足，价格便宜，所以投资少，成本低。1960

年以后，成为世界先进工业国家生产丙烯腈的主要方法。

1. 反应原理

丙烯、氨、氧在一定条件下生成丙烯腈，在反应中发生了很复杂的变化，可以用下列化学反应式来说明。

主反应：　　　$2CH_3—CH＝CH_2+2NH_3+3O_2 \longrightarrow 2CH_2＝CH—CN+6H_2O$

丙烯氨氧化生成丙烯腈是一个放热反应，据测定，每生成 1mol 的丙烯腈放出热量为 512.5kJ。这就要求反应系统必须有良好的移除热量的措施。

副反应主要有：

① $CH_3—CH＝CH_2+3NH_3+3O_2 \longrightarrow 3HC≡N + 6H_2O$

生成氢氰酸的量约占丙烯腈质量的 1/8 左右。每生成 1mol 的氢氰酸放热约 315kJ。

② $2CH_3—CH＝CH_2+3NH_3+3O_2 \longrightarrow 3CH_3CN+6H_2O$

乙腈生成量约占丙烯腈质量的 1/25 左右，也应当加以回收。每生成 1mol 的乙腈，放出热量为 362.3kJ。

③ $CH_3—CH＝CH_2+O_2 \longrightarrow CH_2＝CH—CHO+H_2O$

丙烯醛的生成量约占丙烯腈质量的 1/100。它的生成量虽然少但不易除去，给精馏工段带来不少麻烦。实践证明，减少丙烯醛的有效办法是适当地提高原料中氨的使用量。每生成 1mol 的丙烯醛放出热量为 353.1kJ。

④ $2CH_3—CH＝CH_2+9O_2 \longrightarrow 6CO_2+6H_2O$

二氧化碳的生成量约占丙烯腈质量的近 1/4，它是副产物中产量最大的一个。按质量计，二氧化碳约占总质量的 3%左右，一般都不回收。

丙烯完全氧化生成二氧化碳和水是一个放热量较大的反应，生成 1mol 二氧化碳放出热量约为 641.0kJ。丙烯转化为二氧化碳放出的热量要比转化成丙烯腈放的热量大 3 倍左右，因此，必须注意反应器的温度控制，特别是反应器上部，如果未反应的丙烯和氧发生氧化反应(工厂称为稀相燃烧)，温度过高，传热又不快，产品也会因温度过高而分解，有可能发生事故。

以上几个主要副反应，由于反应条件的变化，副产物的生成量在一个范围内波动。在精细的分析中，还可以找到乙醛、丙酮、丙烯酸、丙腈等，由于它们生成量太小，忽略不计。

为了主产物的收率，尽量减少副产物的生成，简化工艺流程设备，并广泛采用催化剂。目前，在工业生产中应用的催化剂有磷钼铋、钼铋、锑铀及锑锡。我国目前在流化床丙烯氨氧化合成丙烯腈生产中，大多采用磷钼铋铈-硅胶催化剂。其中，一般认为钼铋是主催化剂，在催化剂作用下，使丙烯、氨、氧作用生成丙烯腈，按质量计，它们占活性组分的大部分，钼和铋必须互相配合起作用，一般认为磷铈是助催化剂。单独使用磷铈时，对反应不能加速或极少加速，但当它们和钼铋配合时，能改进钼铋催化剂的性能。一般来说助催化剂的用量很少，通常在 5%以下。载体常用多孔物质如硅胶、活性土和硅藻土等。

2. 工艺条件

现在主要讨论丙烯腈生产中的几个工艺条件。

（1）反应温度

温度是影响丙烯氨氧化的一个重要因素。当温度低于 350℃时，几乎不生成丙烯腈。温度的变化对丙烯的转化率、丙烯腈的收率、副产物氢氰酸和乙腈收率以及催化剂的空时收率都有影响。

当反应温度升高时，丙烯转化率、丙烯腈的收率都明显地增加，而副产物乙腈和氢氰酸收率有所下降。这说明较高温度对生成丙烯腈是有利的。最适宜的温度是410~470℃。若高于500℃，丙烯腈的收率并不增加，反而有大量的二氧化碳生成，直接影响催化剂的寿命。

（2）接触时间

丙烯氨氧化反应是气固相催化反应，反应是在催化剂表面进行的。因此，原料气与催化剂必须有一定的接触时间，使原料气尽可能转化成合成产物。

一般来说，采用较长的接触时间，可以提高丙烯转化率和丙烯腈单程收率。而副产物乙腈、氢氰酸和丙烯醛的单程收率变化不大，这对生产是有利的。但当接触时间增到一定值后，再增加丙烯腈深度氧化的机会相应增大，丙烯腈的收率就下降。同时过长的接触时间，不仅会降低设备的生产能力，而且由于尾气中含量降低而会造成催化剂活性下降。接触时间一般选5~8s。

（3）空塔线速

空塔线速是指原料混合气在反应温度、压力下，通过空床反应器的速度。

在工业生产中，采用流化床反应器生产时，线速的选择尤其重要。当线速增加时，按反应器截面积计算的丙烯腈的产量（即生产能力）和丙烯转化率都增加。但增大到一定程度后，由于接触时间减少，丙烯的转化率和丙烯腈的单程收率都下降，且易造成催化剂的带出损耗，此时，反应器的生产能力虽还在增加，但增加的缓慢了。在这种情况下，则必须调整线速或停留时间。

（4）反应压力

从热力学观点来看，丙烯氨氧化是体积缩小的反应，提高压力可增大该反应的平衡转化率。同时反应器压力增加，气体体积缩小，可以增加投料量，提高生产能力。但丙烯氨氧化生成丙烯腈，一般采用常压操作。因为在直径为150mm反应器的试验中，发现当丙烯氨氧化在加压下进行时，反应器的生产能力虽增加了，而反应结果却比反应在常压下进行时差。

（5）原料配比

由丙烯氨氧化的反应可以看出，三种原料的理论配比为：氨∶丙烯∶氧=1∶1∶1.5（摩尔比），但在实际生产操作中，为了提高丙烯的转化率，氨和氧都要过量，还要通入一定量的水蒸气。

① 氨烯比（氨与丙烯的摩尔比）。氨烯比的大小直接影响丙烯腈的收率和副产物丙烯醛的生成量。该比值小于1∶1时，丙烯醛的生成量显著增加，丙烯腈的收率明显下降。氨烯比大虽然对反应有利，但增大了氨耗，同时使后部中和氨用的硫酸量相应增加，结果成本提高。按照氨耗最小，丙烯腈收率最高，丙烯醛生成量最少的要求，通常氨烯比控制在1∶（1.0~1.1），氨略微过量。

② 氧烯比（氧与丙烯的摩尔比）。氧烯比简称氧比，在确定氧比时要考虑三点：主反应的需氧量、副反应的氧耗量和尾气中氧的允许浓度（1.0%~2.5%）。

丙烯氨氧化一般用空气而不用纯氧。增加氧比即增加空气用量，而氧比过大，随空气带入的惰性气体增多，使混合气中丙烯浓度降低。

氧烯比小于1.5时，由于氧气不足，丙烯的转化率降低；当氧烯比高于1.5时，丙烯的转化率几乎不变。这说明过高的氧烯比是不必要的。生产中氧比定为2~2.5，目的是保护催

114

化剂，不致因缺氧而脱活。

③ 水烯比。主反应并不需要水蒸气参加，但由于选用了 P-Mo-Bi-Ce 催化剂，在原料中加入一定量的水蒸气有多种好处：可以促进产物从催化剂表面解吸出来，以免丙烯腈深度氧化，有利于提高丙烯的转化率和丙烯腈的收率；还能防止氨在催化剂上氧化损失；又由于水蒸气稀释反应物，使反应趋于缓和，温度易于控制；能清除催化剂表面积炭。另一方面水蒸气的加入，势必降低设备的生产能力，增加动力消耗。今后应着眼于改进催化剂性能，以便少加或不加水蒸气。

3. 工艺流程

丙烯腈生产的工艺流程如图 4-6 所示。

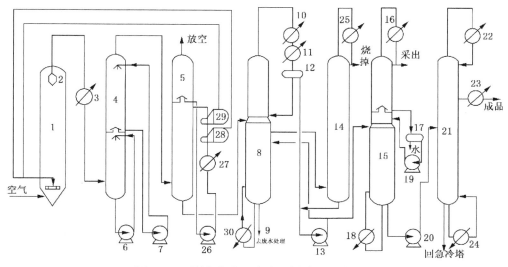

图 4-6　丙烯氨氧化法合成丙烯腈工艺流程图

1—反应器；2—旋风分离器；3、10、11、16、22、25—塔顶气体冷凝器；4—急冷塔；5—水吸收塔；
6—急冷塔釜液泵；7—急冷塔上部循环泵；8—回收塔；9、20—塔釜液泵；12、17—分层器；13、19—油层抽出泵；
14—乙腈塔；15—脱氰塔；18、24、30—塔底再沸器；21—成品塔；23—成品塔侧线抽出冷却器；
26—吸收塔侧线采出泵；27—吸收塔侧线冷却器；28—氨蒸发器；29—丙烯蒸发器

原料丙烯经蒸发器 29 蒸发，氨经蒸发器 28 蒸发后，进行过热、混合，从流化床底部经气体分布板进入反应器 1，原料空气经过滤由空压机送入反应器 1 锥底，原料在催化剂作用下，在流化床反应器中进行氨氧化反应。反应尾气经过旋风分离器 2 捕集生成气夹带的催化剂颗粒，然后进入尾气冷却器 3 用水冷却，再进入急冷塔 4。氨氧化反应放出大量的热，为了保持床层温度稳定，反应器中设置了一定数量的 U 形冷却管，通入高压热水，借水的汽化潜热移走反应热。

经反应后的气体进入急冷塔 4，通过高密度喷淋的循环水将气体冷却降温。反应器流出物料中尚有少量未反应的氨，这些氨必须除去。因为在氨存在下，碱性介质中会发生一些不希望发生的反应，如氢氰酸的聚合、丙烯醛的聚合、氢氰酸与丙烯醛加成为氰醇、氢氰酸与丙烯腈加成为丁二腈，以及氨与丙烯腈反应生成氨基丙腈等。生成的聚合物会堵塞管道，而各种加成反应会导致产物丙烯腈和副产物氢氰酸的损失。因此，冷却的同时需向塔中加入硫酸以中和未反应的氨。工业上采用硫酸浓度为 1.5% 左右，中和过程也是反应物料的冷却过

115

程，故急冷塔也叫氨中和塔。反应物料经急冷塔除去未反应的氨并冷至40℃左右后，进入水吸收塔5，利用合成气体中的丙烯腈、氢氰酸和乙腈等产物，与其他气体在水中溶解度相差很大的原理，用水作吸收剂回收合成产物。通常合成气体由塔釜进入，水由塔顶加入，使它们进行逆流接触，以提高吸收效率。吸收产物后的吸收液应不呈碱性，含有氰化物和其他有机物的吸收液由吸收塔釜泵送至回收塔8。其他气体自塔顶排出，所排出的气体中要求丙烯腈和氢氰酸含量均小于0.2μg/g。

丙烯腈的水溶液含有多种副产物，其中包括少量的乙腈、氢氰酸和微量丙烯醛、丙腈等。在众多杂质中，乙腈和丙烯腈的分离最困难。因为乙腈和丙烯腈沸点仅相差4℃，若采用一般的精馏法，据估算精馏塔要有150块以上的塔板，这样高的塔设备不宜用于工业生产中。目前在工业生产中，一般采用共沸精馏。在塔顶得丙烯腈与水的共沸物，塔底则为乙腈和大量的水。

利用回收塔8对吸收液中的丙烯腈和乙腈进行分离，由回收塔侧线气相抽出的含乙腈和水蒸气的混合物送至乙腈塔14釜，以回收副产品乙腈；乙腈塔顶蒸出的乙腈水混合蒸汽经冷凝、冷却后送至乙腈回收系统回收或者烧掉。乙腈塔釜液经提纯可得含少量有机物的水，这部分水再返回到回收塔8中作补充水用。从回收塔顶蒸出的丙烯腈、氢氰酸、水等混合物经冷凝、冷却进入分层器12中。依靠密度差将上述混合物分为油相和水相，水相中含有一部分丙烯腈、氢氰酸等物质，由泵送至脱氰塔14以脱除氢氰酸。回收塔釜含有少量重组分的水送至废水处理系统。

含有丙烯腈、氢氰酸、水等物质的物料进入脱氰塔15中，通过再沸器加热，使轻组分氢氰酸从塔顶蒸出，经冷凝、冷却后送去再加工。由脱氰塔侧线抽出的丙烯腈、水和少量氢氰酸混合物料在分层器17中分层，富水相送往急冷塔或回收塔回收氰化物，富丙烯腈相再由泵送回本塔进一步脱水，塔釜纯度较高的丙烯腈料液由泵送到成品塔21。

由成品塔顶蒸出的蒸汽经冷凝后进入塔顶作回流，由成品塔釜抽出的含有重组分的丙烯腈料液送入急冷塔中回收丙烯腈，由成品塔侧线液相抽出成品丙烯腈经冷却后送往成品中间罐。

第三节　乙苯脱氢生产苯乙烯

一、苯乙烯的性质和用途

苯乙烯在常温下是带有辛辣味的无色液体。苯乙烯的沸点为145℃，难溶于水能溶于甲醇、乙醇及乙醚等溶剂中。能自聚生成聚苯乙烯(PS)树脂，也易与其他含双键不饱和化合物共聚。例如，苯乙烯与丁二烯、丙烯腈共聚，其共聚物可用以生产ABS工程塑料；与丙烯腈共聚为AS树脂；与丁二烯共聚可生成胶乳或合成橡胶，苯乙烯也可用于生产其他树脂。此外苯乙烯还广泛用于制药、涂料、纺织等工业。

二、乙苯脱氢生产苯乙烯

相关链接：目前，世界上90%以上的乙苯是由苯和乙烯烷基化生产制得，其余是由芳烃生产过程的C_8芳烃分离得到。主反应：

$$\text{（苯环）} + C_2H_4 \longrightarrow \text{（苯环）}-C_2H_5$$

1. 反应原理

主反应：

$$\text{C}_6\text{H}_5\text{—CH}_2\text{—CH}_3 \xrightarrow{\text{催化剂}} \text{C}_6\text{H}_5\text{—CH}=\text{CH}_2 + \text{H}_2$$

在主反应发生的同时，还伴随发生一些副反应，如裂解反应和加氢裂解反应：

$$\text{C}_6\text{H}_5\text{—CH}_2\text{—CH}_3 + \text{H}_2 \longrightarrow \text{C}_6\text{H}_5\text{—CH}_4 + \text{CH}_4$$

$$\text{C}_6\text{H}_5\text{—CH}_2\text{—CH}_3 \longrightarrow \text{C}_6\text{H}_6 + \text{C}_2\text{H}_4$$

$$\text{C}_6\text{H}_5\text{—CH}_2\text{—CH}_3 + \text{H}_2 \longrightarrow \text{C}_6\text{H}_6 + \text{C}_2\text{H}_6$$

在水蒸气存在下，还可发生水蒸气的转化反应：

$$\text{C}_6\text{H}_5\text{—CH}_2\text{—CH}_3 + 2\text{H}_2\text{O} \longrightarrow \text{C}_6\text{H}_5\text{—CH}_3 + 2\text{CO}_2 + 3\text{H}_2$$

高温下生炭：

$$\text{C}_6\text{H}_5\text{—CH}_2\text{—CH}_3 \longrightarrow 8\text{C} + 5\text{H}_2$$

此外，产物苯乙烯还可能发生聚合，生成聚苯乙烯和二苯乙烯衍生物等。

乙苯脱氢反应是吸热反应，在常温常压下其反应速度是很小的，只有在高温下才具有一定的反应速度，且裂解反应比脱氢反应更为有利，于是得到的产物主要是裂解产物。在高温下要使脱氢反应占主要优势，就得选择性能良好的催化剂。

乙苯脱氢制苯乙烯曾使用过氧化铁系和氧化锌系催化剂，但后者已在 20 世纪 60 年代被淘汰。氧化铁系催化剂以氧化铁为主要活性组分，氧化钾为主要助催化剂，此外，这类催化剂还含有 Cr、Ce、Mo、V、Zn、Ca、Mg、Cu、W 等组分，视催化剂的牌号不同而异。目前，总部设在德国慕尼黑的由德国 SC、日本 NGC 和美国 UCI 组成的跨国集团 SC Group，在乙苯脱氢催化剂市场上占有最大的份额（55%～58%），是 Girdler 牌号（有 G-64 和 G-84 两大系列）及 Styromax 牌号催化剂的供应者。

我国乙苯脱氢催化剂的开发始于 20 世纪 60 年代，已开发成功的催化剂有兰州化学工业公司 315 型催化剂；1976 年，厦门大学与上海高桥石油化工公司化工厂合作开发了 XH-11 催化剂，随后又开发了不含铬的 XH-210 和 XH-02 催化剂。20 世纪 80 年代中期以后，催化剂开发工作变得较为活跃，出现了一系列性能优良的催化剂，例如：上海石油化工研究院的 GS-01 和 GS-05、厦门大学的 XH-03、XH-04，兰州化学工业公司的 335 型和 345 型及中国科学院大连化物所的 DC 型催化剂等。

2. 工艺操作条件

（1）反应温度

乙苯脱氢反应是吸热反应，提高温度可使平衡向生成苯乙烯的方向进行。在氧化铁催化剂的存在下于 500℃ 左右脱氢，几乎没有裂解副产物生成。随着温度升高，乙苯脱氢速度加快，但裂解和水蒸气转化等副反应的速度也加快，结果乙苯的转化率虽有增加，而苯乙烯的产率却随之下降，副产物苯和甲苯的生成量增多。生产中一般选定反应温度为 550~600℃。

（2）反应压力

乙苯脱氢是体积增大的反应，减压操作有利于生成苯乙烯。但在高温下减压操作不安全，故采用加入水蒸气稀释剂的方法来降低反应混合物中烃的分压，从而达到与减压相同的目的。

（3）水蒸气用量

在反应系统中加入水蒸气除能达到上述的减压目的外，它还可向脱氢反应提供部分热量，使反应温度比较稳定，同时可使反应产物，特别是氢气迅速离开催化剂，有利于反应向生成物方向进行。另外，水蒸气的存在，对烧除催化剂表面的积炭是有利的，从而延长催化剂再生的周期。在一定温度下，随着水蒸气用量的增加，乙苯的转化率也随之增加。但水蒸气增加到某一范围后，乙苯的转化率提高就不明显了。同时，会因水蒸气用量的增加而使能量消耗加大，从而降低了设备的生产能力。生产中控制乙苯 : 水蒸气 = 1 :（1.2~2.6）。

（4）原料纯度

原料中要求二乙苯含量不大于 0.04%。因为二乙苯脱氢后会生成二乙烯基苯，此产物在分离精制过程中，易于发生聚合，结果导致设备与管道的堵塞；而这种聚合体必须用机械法清除。另外，要求原料的沸程为 135.8~136.5℃。此外，还应控制对催化剂活性和寿命有影响的某些杂质。

3. 工艺流程

乙苯脱氢合成苯乙烯的流程是由所采用的反应器形式所决定的。目前，工业上采用的反应器形式有两种：一是多管等温型反应器，是以烟道气为载热体，反应器放在炉内，由高温烟道气将反应所需的热量通过管壁传给催化床层。另一种是绝热型反应器，所需热量是用过热水蒸气直接带入反应系统。采用这两种不同形式反应器的工艺流程，主要差别是脱氢部分的水蒸气用量不同，热量的供给和回收利用不同。

乙苯脱氢部分的工艺流程如图 4-7 所示。

乙苯在水蒸气存在下催化脱氢生成苯乙烯，是在段间带有蒸汽再热器的两个串联的绝热径向反应器内进行，反应所需热量由来自蒸汽过热炉的过热蒸汽提供。

在蒸汽过热炉 1 中，水蒸气在对流段内预热，然后在辐射段的 A 组管内过热到 880℃。此过热蒸汽首先与反应混合物换热，将反应混合物加热到反应温度。然后再去蒸汽过热炉辐射段的 B 管，被加热到 815℃后进入一段脱氢反应器 2。过热的水蒸气与被加热的乙苯在一段反应器的入口处混合，由中心管沿径向进入催化剂床层。混合物经反应器段间再热器被加热到 631℃，然后进入二段脱氢反应器。反应器流出物经废热锅炉 4 换热被冷却回收热量，同时分别产生 3.14MPa 和 0.039MPa 蒸汽。

反应产物经冷凝冷却降温后，送入分离器 5 和 7，不凝气体（主要是氢气和二氧化碳）经压缩去残油洗涤塔 14 用残油进行洗涤，并在残油汽提塔 11 中用蒸汽汽提，进一步回收苯乙烯等产物。洗涤后的尾气经变压吸附提取氢气，可作为氢源或燃料。

反应器流出物的冷凝液进入液相分离器 6，分为烃相和水相。烃相即脱氢混合液（粗苯乙烯）送至分离精馏部分，水相送工艺冷凝汽提塔 16 将微量有机物除去，分离出的水循环使用。

118

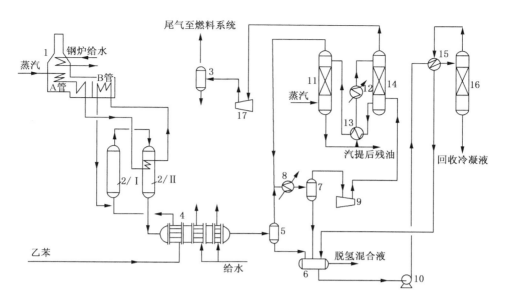

图 4-7　乙苯脱氢反应工艺流程

1—蒸汽过热炉；2（Ⅰ、Ⅱ）—脱氢绝热径向反应器；3、5、7—分离罐；4—废热锅炉；

6—液相分离器；8、12、13、15—冷凝器；9、17—压缩机；10—泵；11—残油汽提塔；

14—残油洗涤塔；16—工艺冷凝汽提塔；17—压缩机

4. 苯乙烯的分离与精制

苯乙烯的分离与精制部分，由四台精馏塔和一台薄膜蒸发器组成。其目的是将脱氢混合液分馏成乙苯和苯，然后循环回脱氢反应系统，并得到高纯度的苯乙烯产品以及甲苯和苯乙烯焦油副产品。本部分的工艺流程如图 4-8 所示。

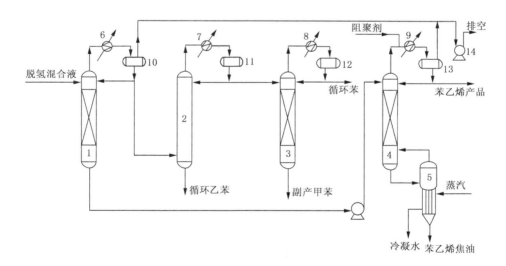

图 4-8　苯乙烯的分离和精制工艺流程

1—乙苯-苯乙烯分馏塔；2—乙苯回收塔；3—苯-甲苯分离塔；4—苯乙烯塔；

5—薄膜蒸发器；6、7、8、9—冷凝器；10、11、12、13—分离罐；14—排放泵

脱氢混合液送入乙苯-苯乙烯分馏塔 1，经精馏后塔顶得到未反应的乙苯和更轻的组分，作为乙苯回收塔 2 的加料。乙苯-苯乙烯分馏塔为填料塔，系减压操作，同时加入一定量的高效无硫阻聚剂，使苯乙烯自聚物的生成量减少到最低，分馏塔底物料主要为苯乙烯及少量焦油，送到苯乙烯塔 4。苯乙烯塔也是填料塔，它在减压下操作。塔顶为产品精苯乙烯，塔底产物经薄膜蒸发器蒸发，回收焦油中的苯乙烯，而残油和焦油作为燃料。乙苯-苯乙烯塔与苯乙烯塔共用一台水环真空泵维持两塔的减压操作。

在乙苯回收塔 2 中，塔底得到循环脱氢用的乙苯，塔顶为苯-甲苯，经热量回收后，进入苯-甲苯分离塔 3 将两者分离。

本流程的特点主要是采用了带有蒸汽再热器的两段径向流动绝热反应器，在减压下操作，单程转化率和选择性都很高；流程设有尾气处理系统，用残油洗涤尾气以回收芳烃，可保证尾气中不含芳烃；残油和焦油的处理采用了薄膜蒸发器，使苯乙烯回收率大大提高。在节能方面采取了一些有效措施。例如，进入反应器的原料(乙苯和水蒸气的混合物)先与乙苯-苯乙烯分馏塔顶冷凝液换热，这样既回收了塔顶物料的冷凝潜热，又节省了冷却水用量。

第四节　对二甲苯氧化生产对苯二甲酸

我们在第三章中学习过，在芳烃精馏中得到的二甲苯仍然是一个 C_8 芳烃的混合物，包括对二甲苯、邻二甲苯、间二甲苯和乙苯等成分，其中对二甲苯用途最为广泛。通过芳烃歧化和烷基转移工艺可将甲苯和 C_9 芳烃有效地转化为苯和二甲苯，若再配以二甲苯异构化装置，吸附分离等过程联合生产，才能最大限度地生产出对二甲苯产品，而对二甲苯的主要用途就是生产对苯二甲酸。

一、对苯二甲酸的性质和用途

对苯二甲酸的化学结构式如下：

也可以简写为 HOOC—(C_6H_4)—COOH；其分子式为：$C_8H_6O_4$。

对苯二甲酸的名称简写为 TPA，相对分子质量为 166.13。在常温下系白色结晶或粉末状固体，受热至 300℃ 以上可升华，常温常压下不溶于水、乙醚、冰醋酸和氯仿，微溶于乙醇，能溶于热乙醇。在多种有机溶剂中难溶，但溶于碱溶液。低毒，易燃，自燃点 680℃。其粉尘与空气形成爆炸性混合物，爆炸极限 0.05～12.5g/L。

对苯二甲酸最重要的用途是生产聚对苯二甲酸乙二酯树脂(简称聚酯树脂，简写为 PET)，进而制造聚酯纤维、聚酯薄膜及多种塑料制品等。

二、对二甲苯高温氧化生产对苯二甲酸

高温氧化法反应温度较高，一般为 160～230℃。该法以乙酸为溶剂，钴、锰等重金属盐为催化剂，溴化物为助催化剂，将对二甲苯经液相空气氧化一步生成对苯二甲酸，再在高温高压下催化转化为高纯度纤维级对苯二甲酸。该法优点较多，如不用促进剂、不副产乙酸、工艺简单、反应快、收率高、原料消耗低、产品成本低，生产强度大，易大型化连续化。高纯度(或中纯度)纤维级的对苯二甲酸可与乙二醇直接缩聚生产聚酯,大大简化了聚酯的主产流程,故发展较快,已成为目前生产对苯二甲酸的最主要方法。本法的明显缺点是使用了腐蚀性较强的溴化物,所以,设备与管道的材质需用昂贵的特殊材料。

1. 反应原理

主反应:

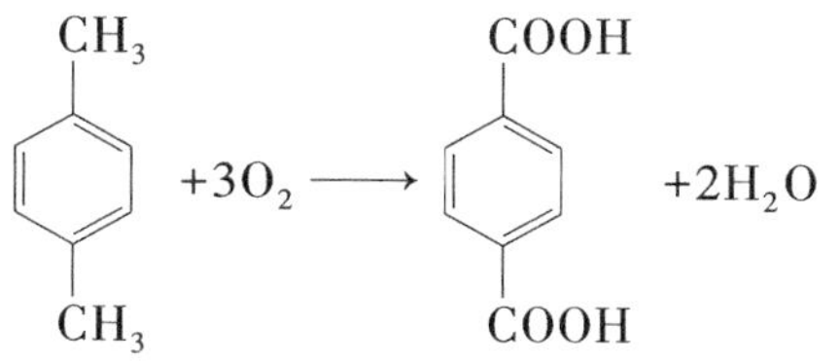

它是按以下反应步骤来进行的:

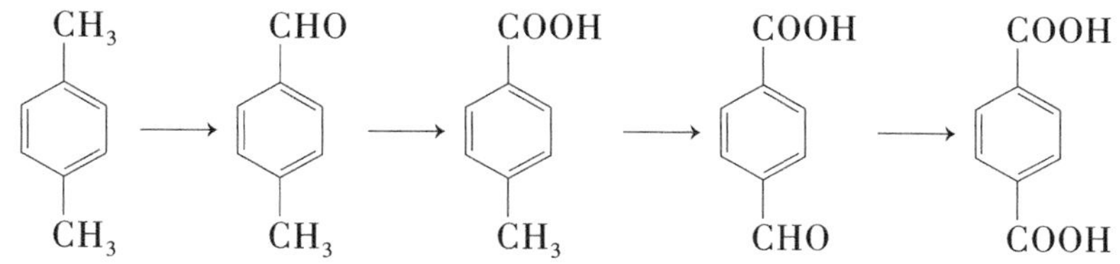

对二甲苯分子上第一个甲基在一般氧化条件下是容易进行氧化的,但第二个甲基较难氧化,生成 4-羧基苯甲醛(简称 4-CBA)的反应是整个反应的控制步骤。

副反应:

原料对二甲苯和溶剂乙酸都容易发生深度氧化,同时氧化不完全的中间产物或带入的一些杂质都会产生一些副反应。这些副产物虽数量不多,但品种繁多,已检出的副产物多达30 种左右,统称为杂质。

其中,对产品质量危害最大的是 4-CBA 和芴酮类衍生物等不溶性杂质。这些杂质不仅影响聚合物的某些性能(如黏度、熔点下降),且影响纺丝,易使聚酯纤维着色变黄。所以,对苯二甲酸制得后,往往需要精制以除去这些杂质,得到"纤维级"的对苯二甲酸,即精对苯二甲酸。

对二甲苯高温氧化法是以乙酸钴和乙酸锰为催化剂,溴化物(如溴化铵、四溴乙烷)为助催化剂,于乙酸溶剂中将对二甲苯液相连续一步氧化为对苯二甲酸。

由于对二甲苯第二个甲基受分子中羧基影响较难氧化,仅依靠主催化剂乙酸钴和乙酸锰,反应产物将主要是对甲基苯甲酸。因此,要加入溴化物助催化剂,以加快第二个甲基的氧化,这是因为溴化物产生的溴自由基有强烈的吸氢作用,从而加快了自由基 RCH_2 的生成。常用的溴化物有四溴乙烷、溴化钾和溴化铵等。

不论进料中 Co 或 Mn 及 Br 的浓度是否提高,氧化反应速度都有所加快,产物中的 4-CBA 等杂质含量降低,但乙酸与对二甲苯深度氧化反应加剧。所以,三者用量都各应有一定的要求,不能低于某一范围。此外,三元催化剂的配比要适宜,锰或钴浓度过高,都得不到色泽好和高纯度的对苯二甲酸。采用低钴高锰式的配比,既经济又可使溴浓度降低,并能减轻设备的腐蚀。三者配比一般是乙酸钴和乙酸锰用量对于对二甲苯为 0.025%,其中锰钴比为 3∶1(摩尔比),溴与钴和锰之比为 1∶1(摩尔比)。

2. 工艺条件

影响氧化过程的操作因素有溶剂比、温度、压力、反应系统的水含量、氧分压和停留时间等。

（1）溶剂比

乙酸溶剂在反应体系中的主要作用是提高对二甲苯在溶剂中的分散性与对二甲苯的转化率；可溶解氧化中间产物，有利于自由基的生成，从而加快氧化反应速度；利用溶剂汽化移出一部分反应热；对苯二甲酸产物几乎不溶解于乙酸，形成呈微小颗粒的浆粉状物质等。若反应不使用溶剂，氧化中间产物在对二甲苯中溶解度小，物料呈悬浮状态，从而产生固体物料的包结。物料包结后可影响氧化深度，使产品纯度下降，且物料黏度高，造成操作困难。所以，乙酸溶剂的存在，既有利于反应物的传质和传热，总体上有利于改善反应，又可提高产品纯度。一般，选择溶剂比为(3.5~40):1。

（2）温度

反应温度升高可加快反应，缩短反应时间，并可降低反应中间产物的含量。但温度过高可加速乙酸与对二甲苯的深度氧化及其他副反应，所以，温度的选择既要加快主反应，又要抑制副反应。

（3）压力

由于对二甲苯氧化反应是在液相中进行，所以压力的选取要以对二甲苯处于液相为前提，又要与温度相对应。一般温度升高，压力相应提高；温度降低，压力宜降低。例如，当温度为220~225℃时，相应压力为2.5~2.7MPa。

（4）反应系统的水含量

反应系统中水的来源主要有两个，一是由氧化反应联产而得，二是由溶剂和母液循环带入。由主反应方程式可见，水对氧化反应有抑制作用，水含量过多，不利于化学平衡向正反应方向移动，且造成产物中的4-CBA含量增加。此外，水含量过多，能使催化剂中金属组分钴和锰生成水合物，导致催化剂活性显著下降。水含量过低，深度氧化产物一氧化碳或二氧化碳增加。正常生产时，反应系统中含水量宜为5%~6%。

（5）氧分压

本反应是气液相反应，所以提高氧分压有利于传质，产物中4-CBA等杂质浓度降低。但是，提高氧分压，深度氧化反应与主反应速度同时加剧，且尾气含氧量过高，有爆炸危险，给生产带来不安全因素。氧分压过低，引起反应缺氧，影响转化率，产品中4-CBA等杂质明显增加，产品质量显著下降。在实际生产中，一般根据反应尾气中含氧量和二氧化碳含量来判断氧分压是否选取适当。本法对尾气含氧量规定为1.5%~3.0%。

（6）停留时间

由于主反应是典型的连串反应，为保证氧化反应完全，达到所需转化率，反应器应采用返混型。但是停留时间还不宜太长，本反应工艺的停留时间应维持在2h左右。停留时间可通过进料量和反应器液面控制。

3. 高温氧化法生产工艺流程

因为对苯二甲酸主要是用于聚合生产聚酯，所以，对其纯度要求很高。本装置一般要得到精对苯二甲酸。

高温氧化法生产精对苯二甲酸的工艺过程主要分两大部分，即对苯二甲酸的生产与对苯二甲酸的精制。前者包括高温氧化、对苯二甲酸的分离干燥和溶剂乙酸回收三个工序，后者包括对苯二甲酸的加氢精制和精对苯二甲酸的分离干燥两个工序。

（1）对二甲苯高温氧化工序

本工序的工艺流程如图4-9所示。

催化剂乙酸钴与乙酸锰按比例配制成乙酸水溶液，并将一定量的四溴乙烷溶于少量对二甲苯后，与溶剂乙酸及对二甲苯在进料混合槽1中按比例混合，经搅拌器混匀预热再进入氧化反应器2。氧化反应所需的工艺空气由多级空气压缩机3送往过滤器，经过滤后进入氧化反应器。

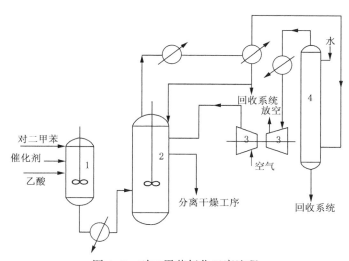

图4-9 对二甲苯氧化工序流程

1—混合槽；2—氧化反应器；3—空气透平压缩机；4—尾气吸收塔

高温氧化反应器是对二甲苯氧化装置的核心设备，内壁和封头均有钛衬里。反应器带有搅拌器，其型式、转速及功率都是影响反应效率的主要因素。反应热是利用溶剂汽化和回流冷凝的方式循环撤除的。氧化反应器顶部的气体冷却冷凝后，部分液体回流返回反应器，部分进入乙酸回收系统。而未凝气体进入尾气吸收塔4，用水吸收其中乙酸蒸气后进入尾气透平机做功，驱动空气压缩机3回收能量。洗涤液则进入乙酸回收系统。

（2）对苯二甲酸的分离干燥工序

本工序的工艺流程如图4-10所示。

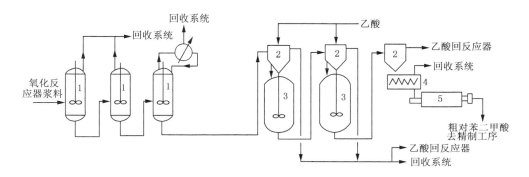

图4-10 对苯二甲酸分离干燥工序流程

1—结晶器；2—离心机；3—打浆槽；4—螺旋输送机；5—干燥机

在高温氧化法的氧化过程中除生成对苯二甲酸外，还伴生有一些杂质，如 4-CBA、对甲基苯甲酸(简称 PT 酸)、芴酮等。由于 PT 酸溶于溶剂，所以可用结晶法分离，经离心分离、洗涤、干燥后得对苯二甲酸。

来自氧化反应器 2 中部排出的浆料，先后进入三个串联的逐次降温降压的结晶器 1。在第一结晶器中，导入少量空气，使一次氧化液中未完全转化的对二甲苯及其中间氧化物进行二次氧化，继续转化为对苯二甲酸。实践表明，采用这种措施后，对苯二甲酸的产率可提高 2%~3%左右，催化剂用量却可节省约 15%~20%。进入第一结晶器的氧化浆料液含对苯二甲酸约 29%，由于闪蒸、结晶、浓缩和冷却，自第三结晶器流出的浆料其浓度已达 39.8%。为保持对苯二甲酸在结晶器内浆料中呈悬浮状态，并促进晶体成长，三台结晶器内都设有搅拌器。

在二次氧化和结晶过程中产生的热量，仍由乙酸溶剂蒸发带出，前二台结晶器蒸发出来的蒸气直接入溶剂回收系统，第三台结晶器蒸发的蒸气则进入专设的冷凝器，冷凝后回流，不凝气体进入溶剂回收系统。

由第三结晶器送出的浆料进入第一离心机 2 分离，母液送乙酸回收系统。对苯二甲酸结晶送入设有搅拌器的打浆槽 3，用循环溶剂进行洗涤，便形成 45%左右的浆料。第一离心机分出 90%母液后，为进一步洗涤除去附着于对苯二甲酸的杂质，洗涤后的浆料在第二离心机中重复以上操作，再打浆后进入第三离心机分离出对苯二甲酸与溶剂。离心机分出的全部洗涤溶剂作为反应用溶剂返回反应器，而第一台离心机分出的 10%母液进入溶剂回收系统，以平衡排出有机废物。

含湿量约为 10%的对苯二甲酸滤饼，经螺旋输送机 4 送入干燥机 5 用蒸汽干燥。干燥后的对苯二甲酸含湿量可达到 0.1%以下，可用氮气流输送到加氢精制工序，精制成精对苯二甲酸。由湿滤饼蒸出的溶剂用逆流循环的氮气吹出后，送溶剂回收系统。

分离干燥前对苯二甲酸的杂质含量约为 7%~8%，分离干燥后可降为 0.20%~0.50%以下。

（3）醋酸回收工序

本工序的工艺流程图如图 4-11 所示。本工序的目的是将氧化反应器顶部的未凝气体及结晶母液中的乙酸经脱水及除去高沸点杂质后，使其可供反应系统循环使用，从而降低生产的消耗定额。

乙酸回收系统主要由汽提塔、脱水塔和薄膜蒸发器组成。待回收的乙酸进入汽提塔 2 除

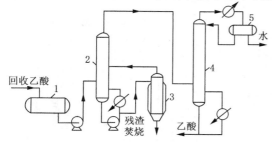

图 4-11　乙酸回收系统流程
1—回收乙酸储槽；2—汽提塔；3—薄膜蒸发器；
4—脱水塔；5—分离器

去高沸点杂质组分，塔顶蒸出的物料为含水乙酸，进入乙酸脱水塔 4。乙酸脱水塔顶物料为水，供氧化吸收用，塔底为脱水乙酸，供氧化和打浆等循环用。汽提塔釜物料含有高沸点杂质与乙酸，进入薄膜蒸发器 3 分离，蒸出的轻组分回汽提塔，残渣送焚烧炉。

（4）加氢精制与对苯二甲酸的精制

对苯二甲酸在上述结晶分离工序初步分离后，纯度一般为 99.5%~99.8%，杂

质含量为 0.2% ~ 0.5%。这些杂质尤其是 4-CBA 和一些有色体在浆液中浓度为 2000 ~ 3000μg/g，为防止 4-CBA 等杂质影响以后的缩聚反应和聚酯色度，需经过精制将其除去。精制所得的精对苯二甲酸，其 4-CBA 含量小于 25μg/g，质量提高到纤维级标准。

对苯二甲酸的精制工艺可以采用酯化法，也可采用加氢精制法，现新建装置多采用后法。本部分讨论加氢精制法。

加氢精制的工艺流程图如图 4-12 所示。对苯二甲酸用无离子水制成浆料，用升压泵加压，经加热、搅拌，待其完全溶解后送入加氢反应器。反应器为衬钛固定床，在精制过的纯氢和催化剂作用下对苯二甲酸进行加氢精制。反应后的溶液经结晶器进行 4~5 级逐步降压结晶，使精对苯二甲酸成为合适粒度分布的沉淀。生成的水蒸气冷凝后循环使用，未凝气体经洗涤后放空。溶液经加压离心机分离，分离出的母液经闪蒸后排入下水道。从加压离心机分离出来的湿精对苯二甲酸，在打浆槽中用无离子水再洗涤一次后进入常压离心机分离。分离出的水可循环供加氢前打浆用，湿精对苯二甲酸经螺旋输送机送入回转式干燥机，干燥后即得精对苯二甲酸。

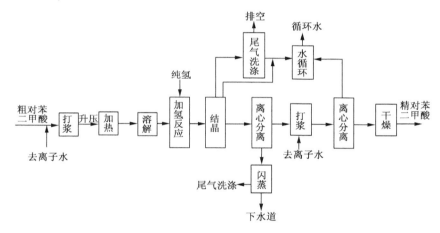

图 4-12　加氢精制与精对苯二甲酸的精制工艺流程框图

第五节　甲醇羰基合成生产乙酸

一、乙酸的性质和用途

乙酸俗称醋酸，是具有刺激气味的无色透明液体，无水乙酸在低温时凝固成冰状，俗称冰乙酸。在 16.8℃下时，纯乙酸呈无色结晶，其沸点 118.1℃。乙酸是重要的有机酸之一，是许多有机物的良好溶剂，能与水、醇、酯和氯仿等有机溶剂以任何比例相混合。乙酸蒸气刺激呼吸道及黏膜(特别对眼睛的黏膜)，浓乙酸可灼烧皮肤。

乙酸是一种重要的石油化工中间产品，在有机酸中产量最大，是近几年世界上发展较快的一种重要有机化工产品，预计我国 2010 年需求量将达到 1440 ~ 1620kt。

乙酸具有十分广泛的用途。乙酸的最大用途是生产乙酸乙烯酯，其次则是生产乙酸纤维素、乙酐、乙酸酯，并可用作对二甲苯生产对苯二甲酸的溶剂。此外，乙酸还应用于纺织、涂料、医药、农药、照相试剂、染料、食品、黏结剂、化妆品、皮革等行业。

125

二、甲醇羰基化法生产乙酸

目前乙酸生产工艺主要有甲醇羰基合成法、乙醛氧化法和丁烷液相氧化法。据统计，全球乙酸工艺生产中，甲醇羰基合成法占64%，乙醛氧化法占19%，其余为丁烷氧化法。目前，乙醛氧化法竞争力不断下降，甲醇氧化法可以采用煤或天然气为原料，具有较强的竞争力。

1960年，德国BASF公司成功开发高压下经羰基化制乙酸的工业化法。操作条件是：反应温度210~250℃，压力65.0MPa，以羰基钴与碘组成催化体系。20世纪70年代美国孟山都(Monstanto)公司开发铑络合物催化剂(以碘化物作助催化剂)，使甲醇羰基化制乙酸在低压下进行，并实现了工业化。1970年建成生产能力135kt乙酸的甲醇低压羰基化装置。甲醇低压羰基化操作条件是：温度175℃，压力3.0MPa。由于低压羰基化制乙酸技术经济先进，从70年代中期新建的大厂多数采用Monstanto公司的甲醇低压羰基化技术。

1. 反应原理

美国Monstanto公司在70年代初开发成功的甲醇低压羰基化法生产乙酸，采用铑的羰基络合物与碘化物组成的催化体系。目前，对铑系、铱系、钴系和镍系等各种甲醇羰基化制乙酸的催化体系还在不断研究。

孟山都法使甲醇和一氧化碳在水-乙酸介质中于压力2.9~3.9MPa，温度180℃左右的条件下反应生成乙酸，$CH_3OH+CO \longrightarrow CH_3COOH$。

由于催化剂的活性和选择性都很高，副产物很少，主要副反应是：

$$CO+H_2O \longrightarrow CO_2+H_2$$

还有少量的乙酸甲酯、二甲醚等。

2. 工艺流程

孟山都法甲醇制乙酸流程图见图4-13所示。

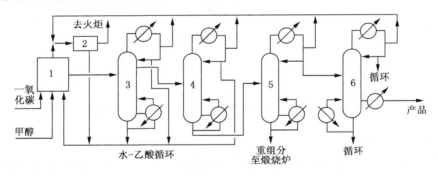

图4-13　甲醇低压羰基化法生产乙酸的工艺流程图

1—反应系统；2—洗涤系统；3—脱轻组分塔；4—脱水塔；5—脱重组分塔；6—精制塔

原料甲醇与一氧化碳和经过净化的反应尾气汇合，进入反应系统1进行羰基化反应，从反应系统上部出来的气体经洗涤器2洗涤，回收其中的粗组分(包括有机碘化物)，并循环回反应器中。从反应系统中部出来的粗乙酸首先进入脱轻组分塔3，塔顶轻组分和塔底产物均循环回反应器。湿乙酸侧线出料，然后在脱水塔4中采用普通蒸馏方法加以脱水干燥。脱水塔塔顶物即乙酸和水的混合物循环回反应器。由脱水塔塔底流出的无水乙酸送入脱重组分塔5，从塔底除去重组分丙酸，塔顶物在精制塔6中进一步提纯，采用气相侧线出料，从而

126

得到高纯度的乙酸。精制塔的塔顶物和塔底物均循环使用。

扩展知识：

（1）用乙酸生产乙酸乙烯酯（又称乙烯乙烯）

乙酸与乙烯、氧可生产乙烯乙烯酯，采用贵金属钯、金和碱金属盐作催化剂、乙酸、乙烯和氧呈气相在催化剂表面接触反应，其反应方程式为：

$$CH_2{=}CH_2+CH_3COOH+\frac{1}{2}O_2 \longrightarrow CH_3COOCH{=}CH_2+H_2O$$

（2）乙烯乙烯酯聚合生产聚乙酸乙烯酯

$$\begin{array}{c} CH_2{=}CH \\ | \\ O{-}C{-}CH_3 \\ \| \\ O \end{array} \qquad \longrightarrow \qquad \begin{array}{c} \text{⊢}CH_2{=}CH\text{⊣}_n \\ | \\ O{-}C{-}CH_3 \\ \| \\ O \end{array}$$

（3）聚乙酸乙烯酯醇解生产聚乙烯醇

$$\begin{array}{c} \text{⊢}CH_2{=}CH\text{⊣}_n \\ | \\ O{-}C{-}CH_3 \\ \| \\ O \end{array} \quad +nCH_3OH \longrightarrow \begin{array}{c} \text{⊢}CH_2{=}CH\text{⊣}_n \\ | \\ OH \end{array} +nCH_3COOCH_3$$

聚乙烯醇不能由乙烯醇直接聚合而成，因为乙烯醇不稳定，极易发生异构化，转化为乙醛。

$$\begin{array}{c} \text{⊢}CH_2{=}CH\text{⊣}_n \\ | \\ OH \end{array} \longrightarrow CH_3CHO$$

（4）聚乙烯醇的纺丝成型及缩甲醛处理得聚乙烯醇纤维

聚乙烯醇纤维是合成纤维的一个重要品种，目前工业上生产的主要是聚乙烯醇缩甲醛纤维，即通常所说的"维尼纶"。由于聚乙烯醇纤维原料易得，成本低廉，纤维特性极似棉花，而强度又胜过棉纤维，所以不但可与棉、毛、黏胶纤维等混纺制作各种衣料，并具有多种工业用途。

复习思考题

1. 叙述乙烯三步氧氯化法生产氯乙烯的反应原理，并写出各步的反应方程式。

2. 写出二氯乙烷裂解的主、副反应方程式。

3. 画出乙烯氧氯法生产氯乙烯的流程框图。

4. 比较氧氯化法三步所采用的催化剂及反应器有何不同。

5. 写出丙烯氨氧化生产丙烯腈反应过程中的主副反应方程式，并分析其特点。

6. 试分析和确定丙烯氨氧化生产丙烯腈的原料配比。

7. 试分析如何选择丙烯氨氧化生产丙烯腈的操作温度。

8. 丙烯氨氧化生产丙烯腈时加入水蒸气有何优点？

9. 写出乙苯脱氢生产苯乙烯的主、副反应方程式，并分析脱氢液中的主要成分有哪些？

10. 分析如何选择乙苯脱氢生产苯乙烯的操作温度。

11. 乙苯脱氢生产苯乙烯时为什么要加入水蒸气？

12. 试画出乙苯脱氢生产苯乙烯反应部分的工艺流程，并简述过程。

13. 写出对二甲苯氧化生产对苯二甲酸的主反应，并说明反应历程。

14. 对二甲苯氧化生产对苯二甲酸时加入乙酸的作用有哪些？

15. 说明对二甲苯氧化生产对苯二甲酸的反应系统中水的来源，并分析含量如何选择。

16. 高温氧化法生产精对苯二甲酸的工艺流程包括哪几部分？

17. 乙酸的生产方法有哪几种？

18. 写出甲醇生产乙酸的主反应方程式。

第五章 "终端"产品的生产

石油化学工业的终端产品是轻工、纺织、建材、机电等加工业的重要原料，主要包括合成树脂和塑料、合成橡胶、合成纤维、合成洗涤剂及其他化学品。

塑料是 21 世纪新兴材料，代表着先进生产力。塑料的应用和发展与低碳经济发展密切相关，在包装、建筑、电子电气、信息、汽车、高铁、飞机、日用方面的应用不断扩大，从配套工业发展成为国民经济重要工业。

人均年塑料消费量是反映一个国家塑料工业水平高低的综合性指标，2010 年我国塑料消费量已超过 60Mt，占世界塑料消费总量的 1/4，超过美国居世界第一，人均年消费 46kg，超过了世界人均 40kg 的平均水平，成为真正的世界塑料、消费、进出口大国。但我国塑料行业总体是"大而不强"，缺乏核心技术以拉动整个行业的技术发展。另外"十二五"期间，国家节能减排的压力将不断向塑料等行业传递和渗透，我国塑料行业产能超过 50Mt/a，单位产品能耗水平大致在 500kW·h/t 产品，国际先进水平约为 300kW·h/t 产品，节能降耗的空间还很大。

中国橡胶消耗量稳居世界第一，2011 年我国橡胶消费量已达 7650kt，其中天然橡胶占 41.8%，石油基合成橡胶占 51.6%，非石油基合成橡胶占 6.5%。我国天然橡胶的国内自给率仅为 22%，石油基合成橡胶的国内自给率为 67%。

我国非轮胎橡胶制品生产量如胶管、胶带、胶板、密封件和减震制品等位居世界前茅，这对世界橡胶制造商有巨大吸引力。迄今世界橡胶 50 强企业来华办厂的已有 32 家之多，所办工厂近 70 家。这些外资企业生产的汽车橡胶零部件已占到中国市场的 2/3 以上，在高端产品方面大多处于垄断地位。世界非轮胎橡胶制造重心有明显向中国转移的趋势。

我国 2006 年轮胎产量已超过美国，2010 年的产量 4 亿条，约占世界总产量的 1/4，成为了世界第一大轮胎生产国。但我国轮胎产品也面临着新的考验，欧盟于 2009 年 10 月公布的《关于燃料效率及其他基本参数的轮胎标签的指令》将于 2012 年 11 月正式生效，目前在欧盟销售和使用的轮胎有 38% 未达到规定的最低标准。日本确定推广低油耗轮胎是在 2008 年开始探讨，并于 2010 年开始实施轮胎标签制度。美国也提出了一种相似的轮胎标识，要求轮胎零售商须把包括燃油效率、湿路面牵引力以及胎面耐磨性这三项指标级别的标识贴在轮胎的显著位置上。

以上这些既是对我国橡胶工业的巨大挑战，也是我们提升水平的动力和机遇。工业和信息化部正式发布的《新材料产业"十二五"发展规划》中，涉及橡胶行业的有特种橡胶、有机硅材料、高性能氟材料、高性能纤维及复合材料等。发展重点主要是自主研发和技术引进并举，走精细化、系列化路线，大力开发新产品、新牌号，改善产品质量，努力扩大规模，力争到 2015 年国内市场满足率超过 70%。扩大丁基橡胶（IIR）、丁腈橡胶（NBR）、乙丙橡胶（EPR）、异戊橡胶（IR）、聚氨酯橡胶、氟橡胶及相关弹性体等生产规模，加快开发丙烯酸酯橡胶及弹性体、卤化丁基橡胶、氢化丁腈橡胶、耐寒氯丁橡胶和高端苯乙烯系弹性体、耐高低温硅橡胶、耐低温氟橡胶等品种，积极发展专用助剂，强化为汽车、高速铁路和高端装备制造配套的高性能密封、阻尼等专用材料开发。

自 1998 年，中国化纤产量达到 5100kt，首次超过美国位居世界第一以来，一直保持着化纤产量世界第一的位置。目前中国已成为全球第一纺织大国，2010 年我国纤维加工总量达 41.3Mt，占世界 50% 以上，化学纤维产量 0.03089Mt，已近似占世界总量的 60%，其中涤纶产量 25130kt、粘胶 1830kt、锦纶 1610kt、腈纶 650kt。

虽然我国化纤产量位居世界第一，但主要是以量大面广的中低档化纤及化纤纺织品制造为主。所以《中国化纤工业"十二五"发展规划》显示，今后五年化纤行业将在规模化、差别化、新型材料化、生物质纤维和生化原料发展等方面加大发展力度。

第一节 概   述

一、基本概念

1. 高分子

高分子是由成千上万个原子通过共价键连接而成的相对分子质量高于 1 万的长链大分子。

2. 高聚物

由众多高分子链所组成的化合物称为高分子化合物，简称高聚物或聚合物。表 5-1 列出了一些常用高聚物的相对分子质量。

表 5-1 一些常用高聚物的相对分子质量($\times 10^4$)

塑料		橡胶		纤维	
低压聚乙烯	6~30	天然橡胶	20~40	尼龙-66	1.2~1.8
聚氯乙烯	5~15	丁苯橡胶	15~20	涤纶	1.8~2.3
聚苯乙烯	10~30	顺丁橡胶	25~30	维尼纶	6~7.5
聚碳酸酯	2~8	氯丁橡胶	10~12	腈纶	5~8

3. 单体

用于合成高聚物的低分子原料称为单体。

4. 结构单元

高分子链中的基本结构。

5. 重复单元(或链节)

高分子链中重复出现的结构。

6. 聚合度

高分子结构单元的数目。

例如：聚氯乙烯是由氯乙烯单体形成的，结构单元和重复单元相同。

$$nCH_2 = CH \longrightarrow \left[CH_2 - CH \right]_n$$
$$\qquad\quad | \qquad\qquad\qquad\quad |$$
$$\qquad\quad Cl \qquad\qquad\qquad\quad Cl$$

结构单元
重复单元

聚己二酰己二胺是由己二酸和己二胺单体形成的，有两种结构单元，结构单元与重复单元不同。

130

$$n\text{HOOC}-(\text{CH}_2)_4-\text{COOH} + n\text{H}_2\text{N}-(\text{CH}_2)_6-\text{NH}_2 \longrightarrow$$

$$-\!\!\!\left[\text{CO}-(\text{CH}_2)_4-\text{CO}-\text{NH}-(\text{CH}_2)_6-\text{NH}\right]_{\!\!\overline{n}} + 2n\text{H}_2\text{O}$$

结构单元A ── 结构单元B

重复单元(或链节)

二、高聚物的命名与分类

(一) 高聚物的命名

1. 按高聚物的单体命名

以单体或假想单体名称为基础,前面冠以"聚"字,就成为高聚物的名称。如:聚氯乙烯,单体是氯乙烯;聚乙烯,单体是乙烯;聚苯乙烯,单体是苯乙烯;聚乙烯醇,假想单体是乙烯醇。

2. 按高聚物化学结构命名

聚己二酰己二胺。

$$n\text{NH}_2-(\text{CH}_2)_6-\text{NH}_2 + n\text{HOOC}-(\text{CH}_2)_4-\text{COOH} \longrightarrow -\!\!\!\left[\text{NH}-(\text{CH}_2)_6-\text{NHCO}-(\text{CH}_2)_4-\text{CO}\right]_{\!\!\overline{n}} + 2n\text{H}_2\text{O}$$

3. 习惯名称和商品名称

习惯名称和商品名称因为简单而易采用。如在这种命名中,将聚酰胺称为尼龙,聚酯称为涤纶。

尼龙后的数字代表单体的碳数,第一个数字表示二元胺的碳原子数,第二个或以后的数字则代表二元酸的碳原子数。例如,尼龙-610就是己二胺、癸二酸的聚合物。常见高聚物的命名见表5-2。

表5-2 常见高聚物的命名

高聚物名称	习惯或商品名	缩写代号
聚乙烯	高密度聚乙烯或低压聚乙烯	HDPE
	低密度聚乙烯或高压聚乙烯	LDPE
聚丙烯	丙 纶[①]	PP
聚氯乙烯	氯 纶[①]	PVC
聚丙烯腈	腈 纶[①]	PAN
聚四氟乙烯	塑料王	PTFE
聚己二酰己二胺	尼龙-66[①]	PA-66
聚对苯二甲酸乙二醇酯	涤 纶[①]	PET
聚乙烯醇缩甲醛	维尼纶[①]	PVFM
聚甲基丙烯酸甲酯	有机玻璃	PMMA
酚醛树脂	电 木	PF
聚氯丁二烯	氯丁橡胶	PCP
环氧树脂	万能胶	EP
硝化纤维	赛璐珞	NC
丙烯腈-丁二烯-苯乙烯共聚物	ABS 树脂	ABS

① 指高聚物用于纤维时的商品名称。

(二)高聚物的分类

1. 按性能和用途分类

根据高分子材料的性能和用途可以分为塑料、橡胶、纤维、黏合剂、涂料、离子交换树脂等。

塑料、合成橡胶、合成纤维的产量占全部合成高聚物产量的90%以上，称为三大合成材料。

2. 按聚合物分子主链分类

按聚合物分子主链，可分为三类。

（1）碳链聚合物

主链完全由碳原子构成，如聚乙烯、聚丙烯、聚苯乙烯、聚丁二烯等。它们在聚合物中占很大比例，是主要的通用聚合物，系塑料工业和橡胶工业的基础。碳链高聚物的命名见表5-3。

表5-3　碳链高聚物

高聚物结构	高聚物名称	缩写代号	高聚物结构	高聚物名称	缩写代号
$+CH_2—CH_2+_n$	聚乙烯	PE	$+CH_2—\overset{Cl}{\underset{Cl}{C}}+_n$	聚偏二氯乙烯	PVDC
$+CH_2—\underset{CH_3}{CH}+_n$	聚丙烯	PP	$+CF_2—CF_2+_n$	聚四氟乙烯	PTFE
$+CH_2—\overset{CH_3}{\underset{CH_3}{C}}+_n$	聚异丁烯	P1B	$+CF_2—\underset{Cl}{CF}+_n$	聚三氟氯乙烯	PCTFE
$+CH_2—CH+_n$ 〇	聚苯乙烯	PS	$+CH_2—\underset{COOH}{CH}+_n$	聚丙烯酸	PAA
			$+CH_2—\underset{CONH_2}{CH}+_n$	聚丙烯酰胺	PAM
$+CH_2—\underset{Cl}{CH}+_n$	聚氯乙烯	PVC	$+CH_2—\underset{COOCH_3}{CH}+_n$	聚丙烯酸甲酯	PMA

（2）杂链聚合物

主链除碳原子外，尚有氧、硫、氮等杂原子，如聚醚、聚酯、聚酰胺、聚氨酯和聚砜，它们主要用作工程塑料和合成纤维。

（3）元素有机聚合物

主链主要由硅、硼、铝和氧、氮、硫、磷等原子组成，侧链一般为有机基团如甲基、乙烯基和苯基等，如有机硅树脂（即聚硅氧烷）。它们主要用作耐油、耐高温和耐燃等特种材料。主链和侧链均由碳以外原子构成的聚合物称为无机聚合物，如聚二硫化硅。

3. 按聚合物分子结构分类

按聚合物分子结构可分为：

① 均聚物，只有一种单体聚合所得的聚合物，称为均聚物。

② 共聚物，是由两种单体通过加成聚合形成的聚合物。若为两种单体共聚的，称为二元共聚，两种以上单体共聚的，称为多元共聚。采用不同的聚合方法，有以下几种结构。

无规共聚物，单体分子以不规则的方式沿着高分子链分布排列，聚合物可为线型聚合物或支化聚合物。其结构形式如下：

$$\sim\!\!\sim\!\!\sim M_1M_1M_2M_1M_2M_2M_2M_1M_1M_2M_2 \sim\!\!\sim\!\!\sim$$

交替共聚物以规则的方式交替排列。其结构形式如下：

$$\sim\!\!\sim\!\!\sim M_1M_2M_1M_2M_1M_2M_1M_2M_1 \sim\!\!\sim\!\!\sim$$

嵌段共聚物具有一段均聚物连接在另一段均聚物上嵌段结构的共聚物。其结构形式如下：

$$\sim\sim\sim M_1 M_1 M_1 M_1 M_1 M_1 M_2 M_2 M_2 M_2 M_1 M_1 M_1 M_1 \sim\sim\sim$$

接枝共聚物以一种单体单元构成主链，另一种单体单元构成支链，其结构形式如下：

$$
\begin{array}{c}
M_2 M_2 M_2 \sim \\
| \\
\sim\sim\sim M_1 M_1 M_1 M_1 M_1 M_1 M_1 M_1 M_1 M_1 \sim\sim \\
| \\
M_2 M_2 M_2 \sim
\end{array}
$$

三、聚合反应机理

由低分子单体形成高聚物的化学反应叫聚合反应。按照聚合反应机理的不同，可将高聚物的形成反应分为连锁聚合反应和逐步聚合反应两大类型。

（一）连锁聚合反应

连锁聚合反应是单体经引发形成活性种，瞬间即与单体连锁聚合形成高聚物的化学反应。连锁聚合反应的特点是瞬间形成相对分子质量很大的高分子，此后相对分子质量随时间变化不大；只有活性种进攻的单体分子参加聚合反应，单体转化率随时间逐渐增加；反应连锁进行，中间产物一般不能单独存在和分离出来；连锁聚合反应是不可逆反应。根据活性种的不同，连锁聚合反应进一步分为自由基型聚合反应、离子型聚合反应和配位聚合反应。

1. 自由型聚合反应

链引发	$M \longrightarrow M_1^{\bullet}$	（单体自由基）
链增长	$M_1^{\bullet} + M \longrightarrow M_2^{\bullet}$	（二聚体自由基）
	$M_2^{\bullet} + M \longrightarrow M_3^{\bullet}$	（三聚体自由基）
	$\cdots$	
	$M_{n-1}^{\bullet} + M \longrightarrow M_n^{\bullet}$	（长链自由基）
链终止	$M_n^{\bullet} \longrightarrow M_n$	（大分子）
链转移	$M_n^{\bullet} + XP \longrightarrow M_n X + P^{\bullet}$	（链转移剂自由基）
	$P^{\bullet} + M \longrightarrow PM^{\bullet}$	

（1）链引发

链引发是在引发剂等作用下使单体分子活化成单体自由基的过程。引发剂引发由下列两步组成。

第一步是引发剂 I 分解为初级自由基 R·：

$$I \longrightarrow 2R\cdot$$

第二步是初级自由基打开烯类单体的 π 键，形成单体自由基活性种：

$$R\cdot + M \longrightarrow RM\cdot$$

第一步反应是吸热反应，反应活化能高，反应速度慢。第二步是放热反应，活化能低，反应速度快。因此，第一步反应是链引发反应的控制步骤，也是总反应的控制步骤。所以引发剂的选择是自由基聚合的关键。

工业上常用的引发剂有热分解型引发剂和氧化还原型引发剂两种。

① 热分解型引发剂。这类引发剂在加热时分解为初级自由基，常用的有过氧化物和偶氮双腈类引发剂，如过氧化二苯甲酰(BPO)。

$$\overset{O}{C_6H_5\overset{\|}{C}}-O-\overset{O}{\overset{\|}{C}}-C_6H_5 \longrightarrow 2C_6H_5\overset{O}{\overset{\|}{C}}-O\cdot \longrightarrow 2C_6H_5\cdot +CO_2$$

偶氮二异丁腈（AIBN）：

$$(CH_3)_2C-N\!=\!N-C(CH_3)_2 \longrightarrow 2(CH_3)_2C-\cdot + N_2$$
$$\quad\quad\ \ |\qquad\qquad\ |\qquad\qquad\qquad\qquad\quad |$$
$$\quad\quad\ \ CN\qquad\quad CN\qquad\qquad\qquad\qquad\ CN$$

② 氧化还原引发体系。一般引发剂需在高温下才能分解为初级自由基，若在过氧化物引发剂中加入亚铁盐、亚硫酸盐或硫代硫酸盐等还原剂，构成氧化还原体系，就能在较低温度下产生初级自由基。如：

$$HO-OH+Fe^{2+} \longrightarrow HO\cdot +OH^- +Fe^{3+}$$

引发剂的选择主要是根据聚合方法、聚合温度以及引发剂的分解速度常数、分解活化能和半衰期进行的。

（2）链增长

链增长是单体自由基活性种与单体连锁聚合形成高分子活性链的过程。链增长是放热反应，且增长速度较快，可以在很短的时间内形成长链自由基。

（3）链终止

链终止是高分子活性链失去活性，停止增长，成为高分子链的过程。

链终止的方式主要有：

① 双基偶合终止。两个长链自由基相互作用，生成稳定大分子。如：

$$\sim\!\!\sim\!\!CH_2CH\cdot +\cdot CHCH_2\!\sim\!\!\sim \longrightarrow \sim\!\!\sim\!\!CH_2CH-CHCH_2\!\sim\!\!\sim$$
$$\qquad\quad\ |\qquad\quad |\qquad\qquad\qquad\qquad\ |\qquad |$$
$$\qquad\quad\ X\qquad\quad X\qquad\qquad\qquad\qquad\ X\qquad X$$

双基偶合终止时，产物的聚合度为两个活性链结构单元数之和。

② 双基歧化终止。两个长链自由基相互作用，通过氢原子转移，都失去活性的链终止反应。如：

$$\sim\!\!\sim\!\!CH_2CH\cdot +\cdot CHCH_2\!\sim\!\!\sim \longrightarrow \sim\!\!\sim\!\!CH_2CH_2 + CH\!=\!CH\!\sim\!\!\sim$$
$$\qquad\quad\ |\qquad\quad |\qquad\qquad\qquad\qquad\ |\qquad\quad |$$
$$\qquad\quad\ X\qquad\quad X\qquad\qquad\qquad\qquad\ X\qquad\quad X$$

双基歧化终止时，产物的聚合度与原来结构单元数相同。

2. 离子型聚合反应

离子型聚合反应是单体经阳离子或阴离子引发形成单体阳离子或单体阴离子活性种，再与单体连锁聚合形成高聚物的化学反应。

离子型聚合一般也由链引发、链增长、链终止、链转移等基元反应组成。

（1）阳离子型聚合反应

带有推电子取代基的烯类单体，大都可以进行阳离子聚合反应。由于推电子取代基一方面使双键电子云向 β-碳原子移动，导致 β-碳原子带有一定的电负性，有利于引发剂形成的阳离子活性种进攻；另一方面使形成的单体活性种的 α-碳阳离子电子云分散而更稳定。如：

$$\overset{\delta^-}{CH_2}\!=\!\overset{\delta^+}{C}\!\overset{CH_3}{\underset{CH_3}{<}} \qquad\qquad \overset{\delta^-}{CH_2}\!=\!\overset{\delta^+}{C}\!\overset{CH_3}{\underset{C_6H_5}{<}}$$

下面是异丁烯为单体被阳离子活性种进攻后的情况：

$$[BF_3OH^-]^- H^+ + CH_2{=}C(CH_3)_2 \longrightarrow HCH_2{-}\overset{\overset{\displaystyle CH_3}{|}}{\underset{\underset{\displaystyle CH_3}{|}}{C^+}}(BF_3OH)^-$$

（2）阴离子型聚合反应

带有吸电子取代基的烯类，大都可以进行阴离子聚合反应。由于吸电子取代基能使双键电子云密度减少，有利于阴离子进攻，又可使形成的阴离子活性种电子云分散而更稳定。如：

$$\overset{\delta^+}{CH_2}{=}\overset{\delta^-}{CH} \longrightarrow CN \qquad \overset{\delta^+}{CH_2}{=}\overset{\delta^-}{CH} \longrightarrow \bigcirc$$

阴离子型离子聚合反应的链引发过程有两种方式，一是催化剂中的负离子与单体反应形成阴碳离子活性中心。二是碱金属把原子外层电子直接或间接转移给单体，使单体成为自由基阴离子：

$$e + \overset{\delta^+}{CH_2}{=}\overset{\delta^-}{\underset{\underset{\displaystyle X}{|}}{CH}} \longrightarrow \cdot CH_2\overset{\overset{\displaystyle H}{|}}{\underset{\underset{\displaystyle X}{|}}{C^{\bar{}}}}$$

引发阶段形成的活性阴离子继续与单体加成，形成活性增长链。

$$C_4H_9CH_2\bar{C}HLi^+ + nCH_2{=}\,CH \longrightarrow C_4H_9{\left(CH_2{-}CH\right)_{\pi}}CH_2{-}\bar{C}HLi^+$$

（图中苯环略）

阴离子聚合中的一个重要的特征是在适当的条件下可以不发生链转移或链终止反应。因此，链增长反应中的活性链直至单体完全耗尽仍可保持活性，这种聚合物链阴离子称为"活性聚合物"。当重新加入单体时，又可开始聚合，聚合物相对分子质量继续增加。

（3）配位离子聚合

配位聚合反应也是离子聚合反应的一种类型，它是单体经配位聚合引发剂的作用形成阴离子配位活性种，再连锁定向插入单体聚合形成高聚物的化学反应。

配位聚合采用齐格勒-纳塔引发剂，单体和引发剂进行配位络合，可认为是由单体与引发剂先发生络合，然后单体插入到活性链与催化剂之间，使活性链增长。

$$[Cat]^+{-}R^- + \overset{\delta^-}{CH_2}{=}\overset{\delta^+}{\underset{\underset{\displaystyle CH_3}{|}}{CH}} \longrightarrow [Cat]^+ - {}^-CH_2{-}\underset{\underset{\displaystyle CH_3}{|}}{CH}{-}R$$

工业生产中，乙烯采用配位离子聚合得到的是高密度聚乙烯，丙烯得到的是间同立构聚丙烯。

（二）逐步聚合反应

逐步聚合反应是单体之间很快反应形成二聚体、三聚体，再逐步形成高聚物的化学反应。逐步聚合反应的基本特点相对分子质量随时间逐步增加；反应初期单体转化率大；反应逐步进行，每步反应产物都可单独存在和分离出来；逐步聚合反应大多是可逆平衡反应。根据单体的不同，逐步聚合反应可进一步分为缩聚反应和逐步加聚反应。

1. 缩聚反应

在缩聚反应中，无特定的活性种，带不同官能团的任何分子间都能相互反应，因而不存在链引发、链增长、链终止等基元反应。

反应开始，单体很快消失，转化率很高，单体分子间很快形成二聚体、三聚体：

$$aAa+bBb \rightleftharpoons aABb+ab$$
$$aABb+aAa \rightleftharpoons aABAa+ab$$

或
$$bBb+aABb \rightleftharpoons bBABb+ab$$

形成聚合物的同时，析出小分子物质，这是缩聚反应的特点。

接着二聚体、三聚体相互反应、自身反应或与剩余单体反应，逐步缩聚形成低聚物，以后的缩聚反应则在低聚物间进行，缩聚反应就这样逐步进行下去，相对分子质量随时间逐步增加，每步反应产物都可单独存在和分离出来。

2. 逐步加聚反应

单体分子间通过氢原子转移逐步加聚形成高聚物的化学反应称为逐步加聚反应。

逐步加聚反应的突出特点是通过氢原子的转移逐步加聚形成高聚物而不析出低分子的副产物，故高聚物的化学组成与单体的化学组成相同。

聚氨酯的合成反应是典型的加成聚合。例如，二异氰酸酯与二元醇合成线型聚氨酯的反应。

$$n O\!=\!C\!=\!N\!-\!R\!-\!N\!=\!C\!=\!O + n HOR'OH \longrightarrow$$
$$OCN\!-\!R\!-\!NHCO\!\!\left[\!OR'OCONHRNHCO\!\right]_{n-1}\!OR'OH$$

四、聚合方法

聚合反应的实施方法通常分为本体聚合、溶液聚合、悬浮聚合和乳液聚合四种。这四种聚合方法主要用于自由基型聚合，其中有些方法也可用于离子型聚合和配位聚合。

1. 本体聚合

单体本身只加入少量引发剂或直接在热、光、辐射能作用下进行聚合的方法称为本体聚合。

工业生产上采用的本体聚合有：聚甲基丙烯酸甲醋(有机玻璃)、聚苯乙烯、聚氯乙烯、高压聚乙烯、聚丙烯、聚对苯二甲酸乙二酯。

本体聚合的优点是产品纯度高，尤其适用于制板材、型材等透明制品，聚合设备简单。缺点是聚合物体系黏度高，聚合反应热不易导出，温度难以控制，产物的相对分子质量分布宽。为此，工业上常采用两段聚合工艺，先在低温下进行预聚合，转化率控制在 10% ~ 30%，然后进行后聚合。

2. 溶液聚合

单体溶于适当溶剂中。经引发剂引发的聚合方法称为溶液聚合，溶剂一般为有机溶剂，也可以是水。如果形成的聚合物溶于溶剂，则聚合反应为均相反应，这是典型的溶液聚合；如果形成的聚合物不溶于溶剂，则聚合反应为非均相反应，称为沉淀聚合，或称为淤浆聚合。

工业上应用主要有：聚乙酸乙烯酯、丙烯腈共聚物、聚丙烯酰胺、聚丙烯酸酯类、聚丙烯、顺丁橡胶、乙丙橡胶、聚酰胺等。

溶液聚合有如下优点：一是溶剂作为稀释剂和传热介质，既可降低聚合体系黏度，便于进行连续化生产，又有利于散热和控制聚合温度；二是通过溶剂的链转移反应，可调节高聚物的相对分子质量，使相对分子质量分布均匀。

溶液聚合的缺点是单体浓度低，聚合速度较慢；由于溶剂的链转移，高聚物相对分子质量较低；溶剂回收、分离费用高。

3. 悬浮聚合

单体在搅拌和悬浮剂（或分散剂）作用下，分散成单体液滴，悬浮在水中进行的聚合过程。体系一般由水、单体、引发剂及悬浮剂等组成。

溶有引发剂的单体分散成小液滴，悬浮在水中引发聚合，单体液滴中的聚合过程相当于本体聚合，聚合物极细，而且容易过滤、洗涤加工。为防止聚合物粘连，尚需加悬浮剂，一般采用的悬浮剂有：

① 水溶性有机高聚物，如天然的有明胶、淀粉、甲基纤维素、羧甲基纤维素，合成的有聚乙烯醇及其衍生物、聚丙烯酸盐等非离子型表面活性物质，当其溶于水后，部分吸附在液滴表面形成液膜保护层，防止液滴之间的粘连与合并。

② 不溶于水的无机盐，如碳酸镁、碳酸钙、硫酸钡、高岭土等，当其分散并悬浮于水中时，能以机械的隔离作用阻止单体液滴的聚集。

悬浮聚合有如下优点：一是聚合体系黏度低，聚合热容易经水介质通过聚合釜壁由夹套冷却水带走，散热和温度控制比本体聚合、溶液聚合容易得多；二是产品相对分子质量分布比较稳定，产品相对分子质量比溶液聚合大，杂质含量比乳液聚合少；三是后处理工序比溶液聚合、乳液聚合简单，生产成本低，粒状树脂可直接加工。

悬浮聚合的缺点是产品中附有少量的悬浮剂残留物，要生产透明和电绝缘性能高的产品，需将残留的悬浮剂除尽。

悬浮聚合广泛用于自由基型聚合，如聚氯乙烯、聚苯乙烯、聚甲基丙烯酸甲酯及共聚物等工业生产。

4. 乳液聚合

在机械剧烈搅拌或超声波振动下借助于乳化剂的作用，使单体分散在水中呈乳状液而进行聚合过程。乳液聚合体系至少由单体、引发剂、乳化剂和水四个组分构成。

乳化剂的作用主要是降低界面张力，在液滴表面形成保护层和单体的增溶作用。乳液聚合主要应用阳离子型乳化剂，非离子型乳化剂一般用作辅助乳化剂。

乳液聚合的主要优点是水作为分散介质，容易散热、价廉安全；乳液稳定，聚合速度快，产品相对分子质量高，相对分子质量分布较窄，可低温聚合和连续操作；特别适合于直接应用胶乳作黏合剂、涂料和生产乳液泡沫橡胶的场所。

乳液聚合的主要缺点是制备粉状固体产品时，胶乳后处理过程复杂，成本比悬浮聚合法高，产品中留有较多杂质难以除尽，有损电绝缘性能。

乳液聚合方法主要用于生产合成橡胶，如丁苯橡胶、氯丁橡胶、丁腈橡胶。也可生产乳液状聚合物如糊状聚氯乙烯树脂。

表5-4对四种聚合方法进行了比较。

表 5-4　聚合方法比较

		本体聚合	溶液聚合	悬浮聚合	乳液聚合
原　料	单体	√		√	√
	介质		溶剂、水	水	水
	引发剂	√	√	√	√
	添加剂			悬浮剂	乳化剂
聚合场所		本体内	溶液内	液滴内	胶束或乳胶粒内
温度控制		难	较易	易	易
调节难易		难	易	难	易
相对分子质量宽窄		宽	窄	宽	窄
反应速率		快	慢	很快	快
操作情况		体系温度高 搅拌散热	溶剂为热载体 溶剂回收 单体分离 造粒干燥设备	水为热截体 洗涤、过滤 及干燥设备	水为热载体 洗涤、过滤 干燥设备
产　品		纯度高 可直接成型	纯度不高 高聚物溶液 可直接使用	比较纯净 粒状产物 利于成型	产品含乳化 剂及助剂

五、工业生产过程

以链式聚合为例，高分子化合物的生产过程大致包括如下部分。

1. 原材料的精制

聚合所用的单体和溶剂要求有很高的纯度，一般单体纯度要求 99% 以上。杂质的存在将会使聚合物的相对分子质量降低，有时也影响了聚合物的色泽。为了防止单体在聚合前的自聚，通常加入阻聚剂，典型的阻聚剂有羟基苯醌和叔丁基邻苯二酚。

2. 引发剂的配制

在自由基聚合反应中使用引发剂，常用的引发剂有过氧化物、偶氮化合物和过硫酸盐等。在离子聚合反应中用催化剂，常用的催化剂是烷基金属化合物(如烷基铝)，金属卤化物(如 $TiCl_4$、$TiCl_3$)以及路易士酸。

3. 聚合过程

聚合反应是高分子生产过程的关键。高分子的分子结构、性能、相对分子质量及其分布、支链与交联结构等与聚合物系的配方、工艺操作条件有关。因此，要严格控制反应物系的组成，包括单体、共聚单体、反应介质或溶剂、引发或催化剂体系、相对分子质量调节剂等。同时控制物料的加料方式及速度。

4. 分离过程

聚合后的物料中，大多数情况中含有未反应的单体、反应介质，因此，需要进行分离，以提纯聚合物。对于有毒的单体，分离尤为重要。

分离方法与聚合反应所得的物料的形态有关。一般，本体聚合和熔融缩聚所得的聚合物不需要进行分离。其他方法所得聚合物可通过闪蒸、热水洗涤、用醇破坏催化剂等方法。

5. 聚合物的后处理

后处理主要脱除分离过程后聚合物中的水分或有机溶剂，一般采用干燥方法，得到干燥的合成树脂或合成橡胶。

对于粉状的合成树脂，由于不能直接用作塑料成型原料，还需要添加填料、增塑剂、稳定剂、润滑剂、着色剂、防静电剂及增强材料等组分，经混炼、造粒制得粒状原料，然后包装出厂。

6. 回收过程

在溶液聚合方法中，应用有机溶剂进行离子聚合或配位聚合反应，因此，回收过程主要是将聚合过程中所用的有机溶剂进行回收，以能循环使用。

第二节　合成树脂和塑料

一、概述

塑料是以合成树脂为基本原料，在一定条件下（如温度、压力等），塑制成的一定形状的材料，这种材料能够在常温下保持形状不变。有的塑料制品，除了主要成分是树脂外，还加入一定量的增塑剂、稳定剂、润滑剂、色料等。

塑料既然是以合成树脂为基本原料，那么，什么是合成树脂呢？先举出些实际的东西来说吧，拉胡琴用的松香，这就是一种树脂。松香是从赤松、油松等树皮分泌出的乳液里提炼出来的，这是一种天然树脂。还有常见的桃胶、虫胶等也都是天然树脂。这些天然树脂是一种受热软化、冷却变硬的高分子化合物。后来，人们把具有受热软化、冷却变硬这种特性的高分子化合物都称为树脂。近年来，人们主要以石油、天然气、炼厂气等为原料，通过化学方法，合成一种性能比天然树脂更优异的高分子聚合物，这就被人们说成是合成树脂。

合成树脂是指由单体合成所得高聚物的总称。合成树脂是制造塑料、黏合剂、涂料、离子交换树脂等产品的主要原料。

根据塑料受热后表现出来的共性，可分成热塑性塑料和热固性塑料两大类。

所谓热塑性塑料，即它在受热时就会变软，甚至成为可流动的黏稠物，这时可将其塑制成一定形状的制品，冷却时保持塑形变硬。如果再加热又可变软，并可改变原来塑形为另一种塑形，如此可反复进行多次。具有这种特性的塑料，就叫热塑性塑料。制成热塑性塑料的合成树脂有聚氯乙烯、聚乙烯、聚丙烯、聚苯乙烯、聚碳酸酯、聚甲醛等。

所谓热固性塑料，它在受热初期变软，具有可塑性，可制成各种形状的制品。继续加热就硬化定形，再加热也不会变软和改变它的形状。例如，灯头或电插座等电木制品，就是这类塑料制成的，这些东西，就不能通过回收再加利用。制取热固性塑料的合成树脂有：酚醛树脂、环氧树脂、氨基树脂、聚氨酯等。

根据塑料使用范围的不同可分为通用塑料和工程塑料两类，通用塑料是指产量大，价格低，性能多样化，应用面广，主要用于生产日用品或一般工农业用材料。例如：聚乙烯、聚丙烯、聚苯乙烯、聚氯乙烯、酚醛塑料、氨基塑料。工程塑料是指产量不大，成本较高，具有优良的机械强度及耐热、耐磨、耐化学腐蚀等特性，可用于结构材料，例如：聚酰胺、聚碳酸酯、ABS 树脂、聚甲醛、氯化聚醚、聚砜、聚酯等。

塑料成型加工的方法主要有注塑、挤压、压延、模塑、吹塑、层压、浇注等。

当前热塑性塑料约占 60%，而聚乙烯、聚氯乙烯、聚苯乙烯和聚丙烯四种产品占热塑性塑料的 80% 以上。

本节选择两个重要的产品，即聚乙烯和聚氯乙烯向大家进行介绍。

二、聚乙烯的生产

聚乙烯（palyethylene）是由乙烯单体经自由基聚合或配位聚合而获得的聚合物，简称PE。其产量自1965年以来一直高居第一。

按照聚乙烯的结构性能可以分为高密度聚乙烯（HDPE）、低密度聚乙烯（LDPE）、超高相对分子质量聚乙烯（UHMWPE）、线型低密度聚乙烯（LLDPE）和茂金属聚乙烯，此外，还有改性品种如乙烯-乙酸乙烯酯（EVA）和氯化聚乙烯（CPE）等。主要用途见表5-5。

表5-5　聚乙烯的用途

用　途	所占树脂的比例	制　　品
薄膜类制品	LDPE 的 50% HDPE 的 10% LLDPE 的 70%	用于食品、日用品、蔬菜、收缩、自粘、垃圾等轻质包装膜，地膜、棚膜、保鲜膜等 重包装膜、撕裂膜、背心袋等 包装膜、垃圾袋、保鲜膜、超薄地膜等
注塑制品	HDPE 的 30% LDPE 的 10% LLDPE 的 10%	日用品如：盆、筒、篓、盒等，周转箱，瓦楞箱，暖瓶壳，杯台、玩具等
中空制品	以 HDPE 为主	用于装食品油、酒类、汽油及化学试剂等液体的包装筒，中空玩具
管材类制品	以 HDPE 为主	给水、输气、灌溉、穿线、吸管、笔芯用的管材，化妆品、药品、鞋油、牙膏等用的管材
丝类制品	圆丝用 HDPE 扁丝用 HDPE 和 LLDPE	渔网、缆绳、工业滤网、民用纱窗等 纺织袋、布、撕裂膜
电缆制品	以 LDPE 为主	电缆绝缘和保护材料
其他制品	HDPE、LLDPE LDPE	打包带 型材

按照聚乙烯生产压力高低可以分为高压法聚乙烯、中压法聚乙烯和低压法聚乙烯三种方法。聚乙烯的三种生产方法虽然各有长短，但至今仍然并存，见表5-6所示。

表5-6　聚乙烯三种生产方法的比较

比较项目		高 压 法	中 压 法	低 压 法
操作条件	聚合压力/MPa	98.1~245.2	2~7	<2
	聚合温度/℃	150~330	125~150	60
	引发剂	微量氧或有机过氧化物	金属氧化物	齐格勒-纳塔引发剂
	转化率/%	16~27	接近 100	接近 100
	反应机理	自由基型	配位离子型	配位离子型
	实施方法	气相本体聚合	液相悬浮聚合	液相悬浮聚合
	工艺流程	简单	复杂	复杂
结构性能	大分子支化程度	高	介于两者之间	大分子排列整齐
	相对密度	低(0.910~0.925)	居中(0.926~0.940)	高(0.941~0.970)
	纯度	高	基本与低压法相同	产品含有引发剂残基
	热变形温度/℃	50℃，较软	基本与低压法相同	78℃，较硬
	建设投资	高	低	低
	操作费用	低	高	高

（一）乙烯高压聚合生产工艺

乙烯高压聚合是以微量氧或有机过氧化物为引发剂，将乙烯压缩到 147.1~245.22MPa 高压下，在 150~290℃的条件下，乙烯经自由基聚合反应转变为聚乙烯的聚合方法。若以氧为引发剂时，聚合时乙烯先被氧化为过氧化物，而后分解为自由基再与乙烯聚合生成聚乙烯，为了防止气体在高压下发生爆炸，必须严格控制氧用量为乙烯量的 0.003%~0.007%之内。以有机过氧化物为引发剂时，将有机过氧化物溶解于液体石蜡中，配制成引发剂溶液使用。

乙烯高压聚合是工业上采用自由基型气相本体聚合的最典型方法，还是工业上生产聚乙烯的第一种方法，至今仍然是生产低密度聚乙烯的主要方法。

1. 聚合原理

乙烯在高温高压下按自由基聚合反应机理进行聚合。由于反应温度高，容易发生向大分子的链转移反应，产物为带有较多长支链和短支链的线型大分子。同时由于支链较多，造成高压法聚乙烯产物的结晶度低，密度较小，故高压聚乙烯称为低密度聚乙烯。

2. 主要工艺条件

（1）乙烯纯度

聚合级乙烯气体的规格要求，纯度不低于 99.9%。

纯度低，聚合缓慢，杂质多，产物相对分子质量低。其中，特别严格控制对乙烯聚合有害的乙炔和一氧化碳的含量，因为它们能参与聚合反应。若乙炔参加聚合则会产生交联或因分子中存在双键而降低产物的抗氧化能力；一氧化碳进入高聚物的分子中也会降低产物的抗氧化能力，并将降低其介电性能。

（2）聚合温度

取决于引发剂种类。以氧为引发剂温度控制在 230℃以上，以有机过氧化物为引发剂时，温度控制在 150℃左右。

升高温度链增长速率与链转移速率都增加，因此，总的聚合速率加快。但是链转移活化能高于链增长，所以升高温度对链转移有利，链转移速率加快会造成聚乙烯大分子的短支链和长支链增多，使产品的密度下降。

（3）聚合压力

聚合压力一般在 108~245MPa 范围内，压力高低依据聚乙烯生产牌号确定。压力愈大，产物相对分子质量愈大。因为压力提高，实质是增加了乙烯的浓度，即增加了自由基或活性增长链与乙烯分子的碰撞机会，所以增加压力，聚乙烯的产率和平均相对分子质量都增加。

3. 乙烯高压聚合生产工艺流程

现在工业采用的乙烯高压聚合反应器可以分为釜式反应器和管式反应器两种，现以釜式反应器为例说明乙烯高压聚合生产工艺流程，如图 5-1 所示。主要生产过程分为压缩、聚合、分离和掺合 4 个工段。

来自于总管的压力为 1.18MPa 的聚合级乙烯进入接收器 1，与来自辅助压缩机 2 的循环乙烯气混合。经一次压缩机 3 加压到 290.43MPa，再与来自于低聚物分离器 4 的返回乙烯一起进入混合器 5，由泵 6 注入调节剂丙烯或丙烷。气体物料经二次压缩机 7 加压到 113~196.20MPa(具体压力根据聚乙烯牌号确定)，然后进入聚合釜 8，同时由泵 9 连续向反应器内注入微量配制好的引发剂溶液，使乙烯进行高压聚合。大部分反应热由离开反应器的物料带走，反应器夹套冷却只能除去部分热量。

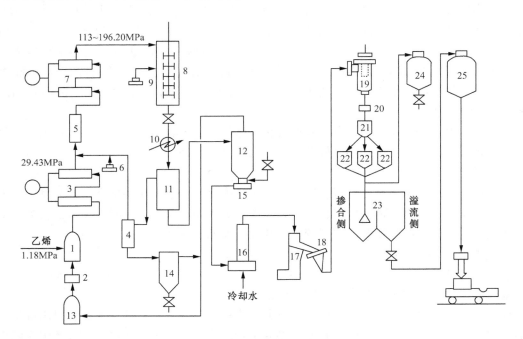

图5-1　高压聚乙烯生产工艺流程

1—乙烯接收器；2—辅助压缩机；3—一次压缩机；4—低聚物分离器；5—气体混合器；6—调节剂注入泵；
7—二次压缩机；8—聚合釜；9—引发剂泵；10—产物冷却器；11—高压分离器；12—低压分离器；13—乙烯
接收器；14—低聚物分液器；15—齿轮泵；16—切粒机；17—脱水储槽；18—振动筛；19—旋风分离器；
20—磁力分离器；21—缓冲器；22—中间储斗；23—掺合器；24—等外品储槽；25—合格品储槽

从聚合釜出来的聚乙烯与未反应的乙烯经反应器底部减压阀减压进入冷却器10，冷却至一定温度后进入高压分离器11，减压至24.53~29.43MPa，分离出来的大部分未反应的乙烯与低聚物经过低聚物分离器4，分离出低聚物后乙烯返回混合器5循环使用；低聚物在低聚物分液器14中回收夹带的乙烯后排出。由高压分离器11出来的聚乙烯物料（含少量未反应的乙烯），在低压分离器12中减压至49.1kPa，其中分离出来的残余乙烯进入乙烯接收器13。在低压分离器底部加入抗氧剂、抗静电剂后，与熔融状态的聚乙烯一起经挤压齿轮泵15送至切粒机16进行水下切粒。切成的粒子和冷却水一起到脱水储槽17脱水，再经振动筛18过筛后，料粒用气流送到融合工段。

用气流送来的料粒首先经过旋风分离器19，通过气固分离后，颗粒器20以除去夹带的金属粒子，然后进入缓冲器21。缓冲器中料粒经过自动磅秤和三通换向阀进入三个中间储槽22中的一个，取样分析，合格产品进入掺合器23中进行气动掺合；不合格产品送至等外品储槽24进行掺合或储存包装。

掺合均匀后的合格产品——聚乙烯颗粒用气流送至合格品储槽25储存，然后用磅秤称量，装袋后送入成品仓库。

高压法生产聚乙烯的流程比较简单，产品性能良好，用途广泛，但对设备和自动控制要求较高。

（二）乙烯中压聚合工艺

1. 聚合原理

采用中压法生产聚乙烯有两条路线，一条路线是乙烯单体，以烷烃为溶剂，以 Cr_2O_3-Al_2O_3-SiO_2 为引发剂，在150℃和4.91MPa下聚合；第二路线是乙烯单体，以脂肪烃或芳烃为溶剂，以 MoO_3-Al_2O_3 或氧化镍-活性炭为引发剂，在200~260℃、6.87MPa下聚合，聚合机理为配位离子型聚合。

2. 主要工艺条件

（1）温度

一是引发剂活化温度，引发剂的活化温度越高，所得聚乙烯的相对分子质量越低。适宜的引发剂活化温度为550℃左右。二是聚合反应的温度，聚合温度越高，聚乙烯相对分子质量越低，一般采用150℃。

（2）聚合压力

聚乙烯的相对分子质量随压力的升高而增加，一般采用4.91MPa。

3. 乙烯中压法聚合工艺流程

以铬为引发剂的乙烯中压法聚合工艺中最普遍采用的是浆液法，此外，还有固定床、移动床、沸腾床法等。

浆液法是将固相引发剂分散于反应介质制成悬浮液，乙烯开始聚合时，生成的聚乙烯大部分分散在反应介质中，由于反应物料呈浆液状，故称为浆液聚合。这种方法得到的聚乙烯相对分子质量可达40600以上。其工艺流程如图5-2所示。

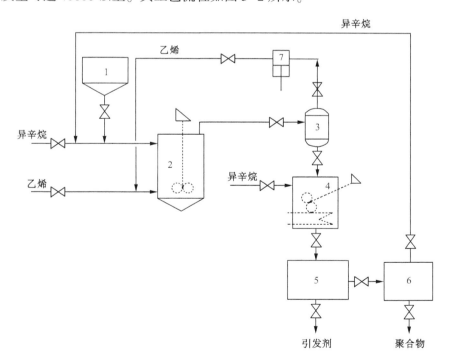

图5-2 乙烯中压聚合工艺流程图

1—引发剂储槽；2—反应器；3—气液分离器；4—溶解槽；5—固体分离器；6—分离器；7—压缩机

配制好(溶剂量的 0.2%~0.6%)的铬引发剂悬浮液由引发剂储槽 1 与原料乙烯先后进入带有搅拌器的反应器 2 中，在 3.43MPa、100℃下进行反应。反应后生成的浆液送入气液分离器 3，分离出来的未反应乙烯再经过压缩机 7 压缩后循环使用；分离后的浆液送入具有搅拌器和加热器的溶液槽 4 中，在搅拌下进行加热，使物料高于反应温度约 14℃，并保持适当压力，加热后聚乙烯溶解于异辛烷中，必要时可以用异辛烷稀释，然后加入固体分离器 5，用过滤或离心的方法在高温和一定压力下，将引发剂与聚乙烯-异辛烷溶液分离，将分离出来的引发剂回收后循环使用或再生后使用。将脱除引发剂的聚乙烯-异辛烷溶液在分离器 6 中进行蒸馏，蒸馏出溶剂后即得聚乙烯；或者将溶液冷却至 20℃ 以下，使聚乙烯沉淀析出，经过滤得聚乙烯。分离后的溶剂循环使用。

（三）乙烯低压聚合工艺

1. 聚合机理

乙烯的低压聚合是以烷基铝和 $TiCl_4$ 或 $TiCl_3$ 组成的络合物为引发剂，于常压、60~75℃下聚合成高密度聚乙烯的方法。其聚合机理为配位阴离子聚合机理，该聚合反应不发生向大分子链转移的反应，因而所得大分子基本无支链，所以，是高结晶度的线型聚乙烯树脂。

2. 乙烯低压聚合工艺条件

（1）聚合温度

聚合引发剂的效能较高，即使在较低的温度下也可使聚合反应顺利进行。聚合温度一般取 60~75℃，聚合温度主要对引发剂的活性及聚乙烯的特性黏度、产率有影响。

（2）聚合压力

压力增加使乙烯在溶剂中吸收速率增加，所以聚合速率增大。但所得产物的相对分子质量与压力无关。原因是当聚合速率随单体浓度增加时，向单体链转移的速率也增加，所以聚乙烯的相对分子质量变化不大。生产中聚合压力一般采用 0~981kPa。

3. 乙烯低压聚合工艺流程

低压法生产聚乙烯的工艺过程包括：引发剂的配制、聚合、高聚物的分离、净化与干燥、溶剂回收等。其原则流程如图 5-3 所示。

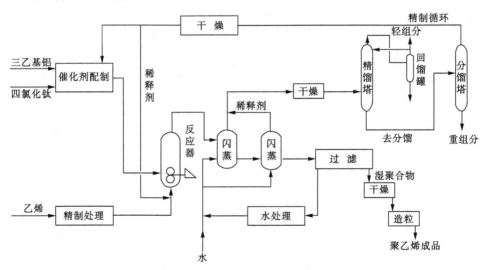

图 5-3　乙烯低压聚合工艺原则流程图

（1）引发剂的配制

聚合引发剂是在专用的配制罐中进行配制，$Al(C_2H_5)_3$ 和 $TiCl_4$ 的用量比为 $1:(1 \sim 1.2)$，用烃类溶剂在一定温度和时间内配成一定浓度的引发剂悬浮液，然后送入聚合反应器。

（2）乙烯的聚合

用于低压聚合的乙烯要经过精制，应不含水、氧、二氧化碳、醇、醛及含硫化合物等杂质；所用溶剂（稀释剂）也应不含有害杂质。

聚合设备为带搅拌的釜式反应器。精制后的乙烯、溶剂、引发剂等连续加入聚合釜中。聚合釜内压力为 $0 \sim 981kPa$、聚合温度为 $60 \sim 75℃$，夹套内通冷却水，以保持聚合反应的温度。反应后的物料自聚合釜中流出，进入闪蒸汽化器使溶剂汽化，同时加水或醇破坏引发剂。

（3）高聚物的分离、净化和干燥

反应产物除去溶剂后，经过滤、洗涤、干燥即可得聚乙烯产品。

（4）溶剂回收

闪蒸后的溶剂经过干燥、精馏脱除其中的轻、重组分后，再循环使用。

三、聚氯乙烯的生产

1. 概述

聚氯乙烯（polyvinyl chloride）是由氯乙烯单体经自由基聚合而成的聚合物，简称 PVC。PVC 是最早实现工业化的树脂品种之一，在 20 世纪 60 年代以前是产量最大的树脂品种，60 年代后退居第二位，仅次于聚乙烯。近年来，由于 PVC 合成原料丰富、合成路线的改进、树脂中氯乙烯单体含量的降低，价格低廉，在化学建材等应用领域中的用量日益扩大，其需求量增加很快，地位逐渐加强。

按相对分子质量的大小可以将 PVC 分为通用型和高聚合度两类。通用型 PVC 的平均聚合度为 $500 \sim 1500$，高聚合度型的平均聚合度在 1700 以上。常用的是第一种类型。

以聚氯乙烯树脂为基础的塑料具有良好的绝缘性和耐腐蚀性等特点，可用来制造薄膜、导线和电缆的绝缘层、人造革、软管、硬管、化工设备及隔音绝热的泡沫塑料，因此聚氯乙烯在工农业生产的日常生活中获得了广泛的应用。

树脂按形态可以分为粉状和糊状两种。粉状常用于生产压延和挤出制品，糊状树脂常用于人造革、壁纸、儿童玩具及乳胶手套等。

按树脂结构不同可以分为紧密型和疏松型两种，其中疏松型呈棉花团状，可以大量吸收增塑剂，常用于软制品的生产；紧密型呈乒乓球状，吸收增塑剂能力低，主要用于硬制品的生产。其用途见表 5-7。

表 5-7　氯乙烯的用途

类　别		具　体　应　用
硬质聚氯乙烯	管材	上水管、下水管、输气管、输液管、穿线管
	型材	门、窗、装饰板、木线、家具、楼梯扶手
	板材	可分为瓦楞板、密实板、发泡板等。用于壁板、天花板、百叶窗、地板、装饰材料、家具材料、化工防腐储槽等
	片材	吸塑制品如包装盒等
	丝类	纱窗、蚊帐、绳索
	瓶类	食品、药品及化妆品等用的包装材料
	注塑制品	管件、阀门、办公用品章光及电器光体等

类　别		具　体　应　用
软质聚氯乙烯	薄膜	农用大棚膜、包装膜、日用装饰膜、雨衣膜、本皮膜
	电缆	中、低压绝缘和护套电缆料
	鞋类	雨鞋、凉鞋及布鞋的鞋底、鞋面材料
	革类	人造革、地板革及壁纸
	其他	软透明管、唱片及垫片

2. 氯乙烯的聚合原理与方法

氯乙烯的聚合属于自由基聚合反应。聚合时采用的引发剂为油溶性的偶氮类、有机过氧化物类和氧化-还原引发体系。反应迅速，同时放出大量的反应热。链增长的方式为头-尾相连。

氯乙烯聚合过程的两个主要特点：

① 在本体聚合和乳液聚合中因有凝胶效应而产生"自动加速"，其主要原因是氯乙烯聚合物或增长链不溶于氯乙烯单体之中所造成。

② 增长链容易向单体发生链转移，因为氯乙烯单体和氯乙烯自由基都很活泼。事实表明氯乙烯对其增长链的转移比链转移剂二氯乙烷要快 10 倍，而且链转移速率随温度的升高而加快，聚氯乙烯的平均相对分子质量则随温度的升高而降低。

目前工业上采用的氯乙烯聚合方法有四种：

① 悬浮聚合。悬浮聚合成本低、产品质量好、用途广、适于大规模生产，是目前各国生产聚氯乙烯的最主要的方法，在我国占 90% 以上。

② 本体聚合。氯乙烯聚合成聚氯乙烯后，因不溶于单体而呈粉末状析出。因此，本体聚合为非均相体系，本体聚合工艺有一段法及两段法，目前主要采用两段法。在第一段，液相的单体在引发剂作用下聚合形成种子，转化率为 8%～12%，作为第二段聚合时聚合物沉淀的核心。然后在第二段单体、种子、引发剂进一步聚合，当转化率达 70%～80% 后，得到粉状产品。

③ 乳液聚合。乳液聚合适用于生产人造革，各种乳胶涂料和糊状树脂等。

④ 溶液聚合。溶液聚合仅用作涂料等特种用途，产量不大。

氯乙烯聚合实施方法的选择要根据产品的用途、劳动强度、成本高低等进行合理选择。

3. 氯乙烯悬浮聚合工艺条件

(1) 工艺配方(质量份)

去离子水：100，氯乙烯：50～70；

悬浮剂(聚乙烯醇)：0.05～0.5，引发剂(过氧化二碳酸二异丙酯)：0.02～0.3；

缓冲剂(磷酸氢二钠)：0～0.1，消泡剂(邻苯二甲酸二酯)：0～0.002。

(2) 主要工艺参数

聚合温度：50～58℃(依 PVC 型号而定)。

聚合压力：初始 0.687～0.981MPa，结束 0.294～0.196MPa。

聚合时间：8～12h。

转化率：90%。

4. 工艺流程

氯乙烯悬浮聚合的典型工艺流程如图 5-4 所示。

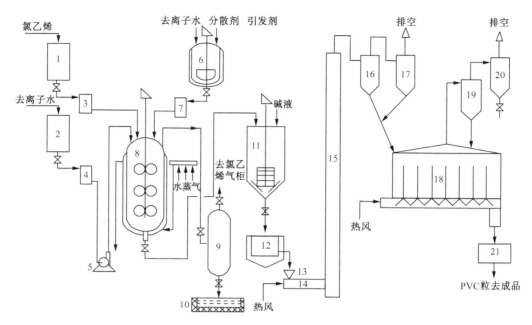

图 5-4　氯乙烯悬浮聚合工艺流程简图

1—聚乙烯计量罐；2—去离子水计量罐；3、4、7—过滤器；5—多级水泵；6—配制釜；8—聚合釜；
9—泡沫捕集器；10—沉降池；11—碱处理釜；12—离心机；13—料斗；14—螺旋输送器；
15—气流干燥管；16、17、19、20—旋风分离器；18—沸腾床干燥器；21—振动筛

悬浮聚合的过程是先将去离子水用泵打入聚合釜中，启动搅拌器，依次将分散剂溶液、引发剂及其他助剂加入聚合釜内。然后，对聚合釜进行试压，试压合格后用氮气置换釜内空气。单体由计量罐经过滤器加入聚合釜内，向聚合釜夹套内通入蒸汽和热水，当聚合釜内温度升高至聚合温度（50～58℃）后，改通冷却水，控制聚合温度不超过规定温度的±0.5℃。当转化率达 60%～70% 时，有自加速现象发生，反应加快，放热现象激烈，应加大冷却水量。待釜内压力从最高 0.687～0.981MPa 降到 0.294～0.196MPa 时，可泄压出料，使聚合物膨胀。因为聚氯乙烯粒的疏松程度与泄压膨胀的压力有关，所以要根据不同要求控制泄压压力。

未聚合的氯乙烯单体经泡沫捕集器排入氯乙烯气柜，循环使用。被氯乙烯气体带出的少量树脂在泡沫捕集器中捕集下来，流至沉降池中，作为次品处理。

聚合物悬浮液送碱处理釜，用浓度为 36%～42% 的 NaOH 溶液处理，加入量为悬浮液的 0.05%～0.2%，用蒸汽直接加热至 70～80℃，维持 1.5～2.0h，然后用氮气进行吹气降温至 65℃ 以下时，再送去过滤和洗涤。

在卧式刮刀自动离心机或螺旋沉降式离心机中，先进行过滤，再用 70～80℃ 热水洗涤二次。经脱水后的树脂具有一定含水量，经螺旋输送器送入气流干燥管，以 140～150℃ 热风为载体进行第一段干燥，出口树脂含水量小于 4%；再送入以 120℃ 热风为载体的沸腾床干燥器中进行第二段干燥，得到含水量小于 0.3% 的聚氯乙烯树脂。再经筛分、包装后入库。

第三节　合成橡胶

一、概述

橡胶(rubber)是一种高分子弹性体，它在外力作用下能发生较大的形变，当外力解除后，又能迅速恢复其原来形状。从橡胶的来源可以分为天然橡胶和合成橡胶两大类，天然橡胶是由顺式-1,4-异戊二烯链节组成的高聚物，故天然橡胶又称为顺式-1,4-聚异戊二烯。天然橡胶的平均聚合度约5000，相对分子质量分布较宽；合成橡胶是人工合成的类似天然橡胶的高分子弹性体，根据用途不同，可分为通用橡胶和特种橡胶两类。常用的通用橡胶有：丁苯橡胶、顺丁橡胶、异戊橡胶、乙丙橡胶、丁基橡胶等。具体如图5-5所示。

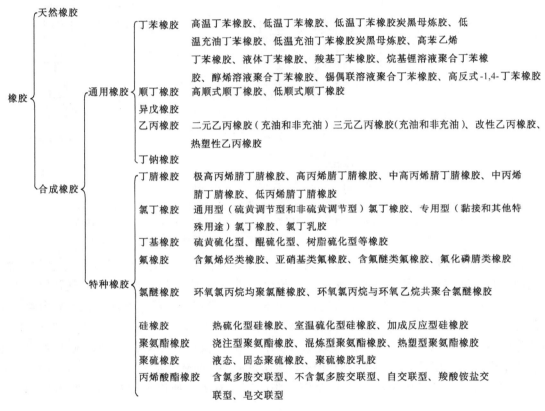

图5-5　橡胶的分类

1. 丁苯橡胶

这是由丁二烯和苯乙烯单体共聚而得的高分子弹性体，其产量居合成橡胶第一位。丁苯橡胶的耐磨性、耐热性、耐油性和耐老化性较好。与天然橡胶混溶性好，因此，与天然橡胶混用以改善其性能。丁苯橡胶是目前应用量最大的通用橡胶，主要用于制备各种轮胎及工业橡胶制品。绝大多数丁苯橡胶用于轮胎工业，其次是汽车零件、工业制品，电线和电缆包皮、胶管和胶鞋等。

2. 顺丁橡胶

顺丁橡胶是以1,3-丁二烯为原料，在齐格勒引发剂存在下经配位阴离子型聚合反应而

148

制得的高分子弹性体。

顺丁橡胶是一种通用橡胶，其特点是分子链规整，有突出的耐磨性和高弹性，耐低温、耐老化性能好，动态负荷下发热小，但冷流性大，黏着性和抗撕性差。顺丁橡胶可与天然橡胶及其他合成橡胶混合使用，彼此取长补短，适于制造汽车轮胎和耐寒橡胶制品，所以成为世界第二大合成橡胶产品。

单体原料 1,3-丁二烯，纯度大于 99.5%，在齐格勒-纳塔型催化剂或有机锂催化剂作用下，在溶液中定向聚合，即可制得顺 1,4-聚丁二烯。聚合反应如下：

$$n CH_2\!\!=\!\!CH\!-\!CH\!\!=\!\!CH_2 \longrightarrow \left(\begin{array}{c} \overset{H}{\underset{|}{C}}\!\!=\!\!\overset{H}{\underset{|}{C}} \\ -CH_2 \qquad CH_2- \end{array}\right)_n$$

3. 异戊橡胶

以异戊二烯单体在催化剂作用下，经溶液聚合而成的顺式-聚-1,4-异戊二烯，简称异戊橡胶。由于其分子结构和性能类似天然橡胶，是天然橡胶最好的代用品，故有"合成天然橡胶"之称，产量居合成橡胶第三位，这是一种综合性能最好的通用橡胶。

未经硫化的橡胶其大分子是线型或支链型结构，因其制品强度很低、弹性小、遇冷变硬、遇热变软、遇溶剂溶解等，使得制品无使用价值。所以橡胶制品必须经过硫化形成网状或体型结构才有实用价值。

对橡胶进行适当的硫化，既可以保持橡胶的高弹性，又可以使橡胶具有一定的强度。同时，为了增加制品的硬度、强度、耐磨性和抗撕裂性，在加工过程中加入惰性填料（如氧化锌、黏土、白垩、重晶石等）和增强填料（如炭黑）等。

本节主要向大家介绍丁苯橡胶的生产技术。

二、丁苯橡胶的生产

丁苯橡胶（styrene-butadiene rubber）是由 1,3-丁二烯与苯乙烯共聚而得的高聚物，简称 SBR，是一种综合性能较好的、产量和消耗量最大的通用橡胶。其品种有低温丁苯橡胶、高温丁苯橡胶、低温丁苯橡胶炭黑母炼胶、低温充油丁苯橡胶、高苯乙烯丁苯橡胶、液体丁苯橡胶等。下面重点介绍低温丁苯橡胶的生产技术。

1. 丁苯橡胶的聚合原理

丁二烯与苯乙烯在乳液中按自由基聚合反应机理进行聚合反应。其反应式与产物结构式为：

$$(x+y)H_2\!\!=\!\!CH\!-\!CH\!\!=\!\!CH_2 + z CH_2\!\!=\!\!CH \longrightarrow$$

$$\left[CH_2\!-\!CH\!\!=\!\!CH\!-\!CH_2\right]_x \left[CH_2\!-\!\underset{\underset{CH_2}{\overset{|}{CH}}}{\overset{|}{CH}}\right]_y \left[CH_2\!-\!CH\right]_x$$

在典型的低温乳液聚合共聚物大分子链中顺式约占 9.5%，反式约占 55%，乙烯基约占 12%。

2. 低温乳液聚合生产丁苯橡胶的工艺条件

（1）典型配方

典型低温乳液聚合生产丁苯橡胶配方及工艺条件见表5-8。

表5-8　典型低温乳液聚合生产丁苯橡胶配方及工艺条件

原料及辅助材料			配方Ⅰ	配方Ⅱ
单　　位		丁二烯	70	72
		苯乙烯	30	28
相对分子质量调节剂		叔十二烷基硫醇	0.20	0.16
介　　质		水	200	195
乳化剂		歧化松香酸钠	4.5	4.62
		烷基芳基磺酸钠	0.15	—
引发剂体系	过氧化物	过氧化氢对蓋烷	0.08	0.06~0.12
	活化剂　还原剂	硫酸亚铁	0.05	0.01
		雕白粉	0.15	0.04~0.10
	螯合剂	EDTA	0.035	0.01~0.025
缓冲剂		磷酸钠	0.08	0.24~0.45
反应条件		聚合温度/℃	5	5
		转化率/%	60	60
		聚合时间/h	7~12	7~10

（2）工艺条件

① 单体纯度。丁二烯的纯度>99%。对于由丁烷、丁烯氧化脱氢制得的丁二烯中丁烯含量<1.5%，硫化物<0.01%，羰基化合物<0.006%；对于石油裂解得到的丁二烯中炔烃的含量<0.002%，以防止交联增加丁苯橡胶的门尼黏度。阻聚剂低于0.001%时对聚合没有明显影响，当高于0.1%时，要用浓度为10%~15%的NaOH溶液于30℃进行洗涤除去。苯乙烯的纯度>99%，并且不含二乙烯基苯。

② 聚合温度。温度与聚合采用的引发剂体系有关。低温乳液聚合生产丁苯橡胶采用氧化-还原引发体系，可以在5℃或更低温度下（-10~-18℃）进行，同时，链转移少，产物中低聚物和支链少，反式结构可达70%左右。低温乳液聚合所得到的丁苯橡胶又称为冷丁苯橡胶。低温下聚合的产物比高温下聚合的产物的性能好。

③ 转化率与聚合时间。为了防止高转化率下发生的支化、交联反应，一般控制转化率为60%~70%，多控制在60%左右。未反应的单体回收循环使用，反应时间控制在7~12h，反应过快会造成传热困难。

3. 低温乳液聚合生产丁苯橡胶工艺流程

低温乳液聚合生产丁苯橡胶工艺流程如图5-6所示。

用计量泵将规定数量的调节剂叔十烷基硫醇与苯乙烯在管路中混合溶解，再在管路中与处理好的丁二烯混合。然后与乳化剂混合液（乳化剂、去离子水、脱氧剂等）等在管路中混合后进入冷却器，冷却至10℃。再与活化剂溶液（还原剂、螯合剂等）混合，从第一个釜的底部进入聚合系统，氧化剂则从第一个釜的底部直接进入。聚合系统由8~12台聚合釜组

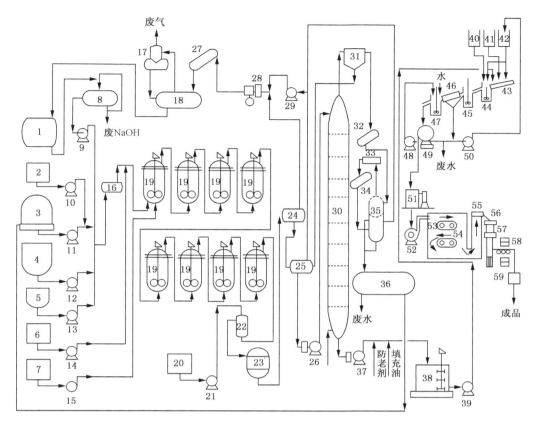

图 5-6　低温乳液聚合生产丁苯橡胶工艺流程

1—丁二烯原料罐；2—调节剂槽；3—苯乙烯储罐；4—乳化剂槽；5—去离子水储罐；6—活化剂槽；
7—过氧化物储罐；8—中和罐；9、10、11、12、13、14、15、21、39、48、49—输送泵；16—冷却器；17—洗气罐；
18—丁二烯储罐；19—聚合釜；20—终止剂储罐；22—终止釜；23—缓冲罐；24、25—闪蒸器；26、37—胶液泵；
27、32、34—冷凝器；28—压缩机；29—真空泵；30—苯乙烯汽提塔；31—气体分离器；33—喷射泵；
35—升压器；36—苯乙烯罐；38—混合槽；40—硫酸储槽；41—食盐水储槽；42—清浆液储槽；43—絮凝槽；
44—胶粒化槽；45—转化槽；46—筛子；47—再胶浆化槽；50—真空旋转过滤器；51—粉碎机；52—鼓风机；
53—空气输送带；54—干燥机；55—输送器；56—自动计量器；57—成型机；58—金属检测器；59—包装机

成，采用串联操作方式。当聚合到规定转化率后，在终止釜前加入终止剂终止反应。聚合反应的终点主要根据门尼黏度和单体转化率来控制。转化率虽然是根据取样测定固体含量来计算的，但一般控制在 60% 左右；而门尼黏度是根据产品指标要求实际取样测定来确定的。生产中当所测定的门尼黏度达到规定指标而转化率未达要求时，也要加终止剂终止反应，以确保产物门尼黏度合格。

　　从终止釜流出的胶液进入缓冲罐，后经过两个不同真空度的闪蒸器回收未反应的丁二烯。第一个闪蒸器的操作条件是 22~28℃，压力 0.04MPa，在第一个闪蒸器中蒸出大部分丁二烯，再在第二个闪蒸器中（温度 27℃，压力 0.03MPa）蒸出残存的丁二烯。回收的丁二烯经压缩液化，再冷凝除去惰性气体后循环使用。脱除丁二烯的胶乳进入苯乙烯汽提塔上部，塔底用 0.1MPa 的蒸汽直接加热，塔顶压力为 12.9kPa，塔顶温度 50℃，苯乙烯与水蒸气由塔顶出来，经冷凝后水和苯乙烯分开，苯乙烯循环使用。塔底得到含胶

20%左右的胶乳，苯乙烯含量<0.1%。经减压脱出苯乙烯的塔底胶乳进入混合槽，在此与规定数量的防老剂乳液进行混合，必要时加入充油乳液，经搅拌混合均匀后，送入后处理工段。

混合好的胶乳用泵送到絮凝器槽中，加入24%~26%食盐水进行破乳而形成浆状物，然后与浓度0.5%的稀硫酸混合后连续流入胶粒化槽，在剧烈搅拌下生成胶粒，溢流到转化槽以完成乳化剂转化为游离酸的过程，操作温度均为55℃左右。

从转化槽中溢流出来的胶粒和清浆液经振动筛进行过滤分离后，湿胶粒进入洗涤槽，用清浆液和清水洗涤，操作温度为40~60℃。洗涤后的胶粒再经真空旋转过滤器脱除一部分水分，使胶粒含水低于20%，然后进入湿粉碎机粉碎成5~50mm的胶粒，用空气输送器送到干燥箱中进行干燥。

干燥箱为双层履带式，分为若干干燥室分别控制加热温度，最高为90℃，出口处为70℃。履带为多孔的不锈钢板制成，为防止胶粒黏结，可以在进料端喷淋硅油溶液，胶粒在上层履带的终端被刮刀刮下，落入第二层履带继续通过干燥室干燥。干燥至含水<0.1%，然后经称量、压块、检测金属后包装，得成品丁苯橡胶。

第四节　合 成 纤 维

一、概述

纤维(fiber)是指柔韧、纤细，具有相当长度、强度、弹性和吸湿性的丝状物。大多数是不溶于水的有机高分子化合物，少数是无机物。根据来源可以分为天然纤维(natural fiber)和化学纤维(chemical fiber)两大类，具体如图5-7所示。

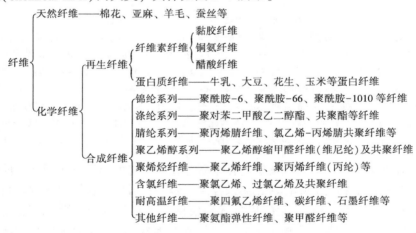

图5-7　纤维的分类

化学纤维除合成纤维外，还有以自然界的纤维(如木材、棉短绒)或蛋白质(大豆、花生等)为原料，经化学处理与机械加工而制得的人造纤维(或称再生纤维)，如纤维素纤维(黏胶纤维、铜氨纤维、醋酸纤维及再生蛋白质纤维)。

合成纤维是以石油、煤、天然气等作为原料，经过化学合成与机械加工制得的纤维。合成纤维品种甚多，主要有：聚酯纤维(涤纶)、聚酰胺纤维(锦纶)和聚丙烯腈纤维(腈纶)三大类，其产量约占合成纤维总量的90%。

1. 聚酯纤维

聚酯树脂是由二元酸和二元醇经缩聚后制得的，其大分子主链含有(—C—O—)酯基。
$$\overset{\|}{O}$$

聚酯纤维的品种很多，但目前主要品种是聚对苯二甲酸乙二醇酯，是由对苯二甲酸和乙二醇缩聚制得的纤维，商品名称为"涤纶"，俗称"的确良"。聚酯纤维产量居第一位。

由于聚酯纤维弹性好，织物易洗易干，保形性好，是理想的纺织纤维，可纯纺或与其他纤维混纺制作各种服装及针织品，同时在工业上也可作轮胎帘子线、运输带等。

2. 聚酰胺纤维

在分子的主链上含有重复的酰胺基 $\pm$C—NH$\mp$ 的称为聚酰胺，商品名为锦纶，亦称
$$\overset{\|}{O}$$

尼龙。根据其聚合所用原料分为：

① 由二元酸和二元胺聚合而成，一般称为聚酰胺 mn，其中 m 为二元胺的碳原子数，n 为二元酸的碳原子数。例如聚酰胺 66(或称尼龙-66)系由己二胺和己二酸所构成；聚酰胺 610 系由己二胺和癸二酸所构成。此外，尚有聚酰胺 612，聚酰胺 1010 等。

② 由 ω-氨基酸缩聚或由内酰胺开环聚合而成，一般称为聚酰胺 n，用以表示氨基酸的碳原子数。例如聚酰胺 6 是由己内酰胺构成的。

聚酰胺纤维具有耐磨性好，耐疲劳强度和断裂强度高，抗冲击负荷性能优异，以及与橡胶的附着力好等突出优点。因此，聚酰胺纤维广泛用作衣料和轮胎帘子线。聚酰胺纤维产量仅次于聚酯纤维，居第二位。其中最重要的产品为聚酰胺 66 和聚酰胺 6。

3. 聚丙烯腈纤维

聚丙烯腈是合成纤维的主要品种之一，其基本原料是丙烯腈。由于纯丙烯腈单体的聚合物性能较差，不能用作纤维，所以一般是由丙烯腈与其他单体共聚，以改善其性能，对聚合物中丙烯腈含量大于 85%，其余单体含量小于 15% 的共聚物，因其性能与聚丙烯腈相近，仍称为聚丙烯腈，而共聚物中丙烯腈含量在 35%~85% 之间的称为改性聚丙烯腈。聚丙烯腈在国内的商品名为腈纶。因其性质类似羊毛，故有"合成羊毛"之称。聚丙烯腈纤维的性能优良，用途广泛，原料来源丰富，为世界三大合成纤维之一。由于聚丙烯腈纤维具有优良的耐光、耐气候性，所以除做衣裳及毛毯之外，最适宜作室外织物，如帐篷、苫布等。

此外还有聚乙烯醇纤维，如聚乙烯醇缩甲醛纤维(维尼纶)；含氯纤维，如聚氯乙烯纤维、过氯乙烯纤维(氯纶)；聚烯烃纤维，如聚乙烯纤维和聚丙烯纤维，具有特种性能的纤维，如聚氨酯弹性纤维、耐高温的碳纤维等。

只有具备形成纤维的必要性能：可塑性、延展性、弹性、韧性、高强度等的高聚物，才能制成纤维。这类高聚物叫做成纤高聚物。

合成纤维生产一般由下列工序组成：

制取单体——见第五章和第六章。

聚合——聚酯、聚酰胺是采用缩聚反应合成的，聚丙烯腈、聚乙烯醇、聚氯乙烯及聚丙烯是采用连锁聚合得到的。

纺丝——聚合得到的线型高分子通过机械加工制得纤维的过程。

后处理——将纤维加工成长纤维或短纤维的过程。

本节主要向大家介绍聚丙烯腈纤维的生产技术。

二、聚丙烯腈纤维的生产

1. 聚丙烯腈纤维的生产原理

聚丙烯腈通常为丙烯腈的三元共聚物,第一单体为丙烯腈(含量88%~95%),第二单体为丙烯酸甲酯(含量4%~10%),第三单体(含量3%~20%)常用:①含磺酸基团或羧酸基团的单体,如甲基丙烯磺酸钠、亚甲基丁二酸等;②含碱性基团的单体,以提高对染料的亲和力。

聚合原理属于自由基共聚反应,采用的引发剂可以是有机过氧化物、无机过氧化物和偶氮类化合物。为了便于控制,最好选择第二单体和第三单体的竞聚率都接近于1。

聚丙烯腈的工业生产方法有:

① 溶液聚合法,又称一步法。是指单体溶于某一溶剂中进行聚合,而生成的聚合物也溶于该溶剂中的聚合方法。聚合结束后,聚合液可直接纺丝,所以又称为一步法。其优点在于反应热容易控制,产品均一,可以连续聚合,连续纺丝。但溶剂对聚合有一定的影响,同时还要有溶剂回收工序。

② 水相沉淀聚合法,又称二步法。水相沉淀法是用水作为介质,采用水溶性引发剂引发聚合,所得聚合物不溶于水相而沉淀出来,由于在纺丝前还要进行聚合物的溶解工序,所以称为二步法。其优点在于,反应温度低,产品色泽洁白,可以得到相对分子质量分布窄的产品,聚合速度快,转化率高,无溶剂回收工序等。缺点是在纺丝前,要进行聚合物的溶解工序。

2. 以丙烯腈为主的共聚物生产工艺条件

(1)溶液聚合生产工艺

① 投料配方。以丙烯腈、丙烯酸甲酯、亚甲基丁二酸(衣康酸)为单体,以硫氰酸钠的水溶液为溶剂,单体按丙烯腈:丙烯酸甲酯:亚甲基丁二酸:91.7:7:1.3配比投料,采用配方如下:

单体(三元):17%,浅色剂(二氧化硫脲):0.75%;

偶氮二异丁腈:0.75%,溶剂(硫氰酸钠水溶液):80%~80.5%;

调节剂(异丙醇):1%~3%,浓度:51%~52%。

② 聚合条件。聚合温度76~80℃,聚合时间1.2~1.5h,高转化率控制在70%~75%,低转化率控制在50%~55%,搅拌速度55~80r/min,高转化率时溶液中聚合物浓度为11.9%~12.7%,低转化率时溶液中聚合物浓度为10%~11%。

(2)连续水相沉淀聚合生产工艺条件

聚合采用的条件是氧化剂与还原剂的比例为0.1~1.0,引发剂的用量为单体质量的0.1%~4%,pH值维持在2~3.5之间,聚合温度35~55℃,反应时间1~2h,高聚物产率80%~85%。为了降低表面张力以便相对分子质量稳定,一般要向反应混合物中加入硫醇及其他物质。

3. 工艺流程

(1)溶液聚合生产工艺流程

生产工艺流程如图5-8所示。

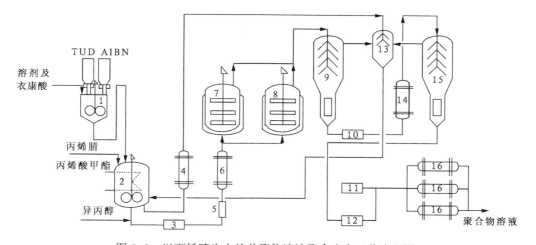

图 5-8 以丙烯腈为主的共聚物溶液聚合生产工艺流程图

1—搅和器；2—混合器；3、10、11、12—过滤器；4、6—热交换器；5—计量；7、8—聚合釜；
9、15—脱单体塔；13—喷水冷凝器；14—加热器；15—冷凝器

将第三单体衣康酸与4%的NaOH配成13.5%的衣康酸钠溶液，并与偶氮二异丁腈、二氧化硫脲混合后送入混合器，与丙烯腈、丙烯酸甲酯进行混合，调节pH值为4~5。混合好的物料与异丙醇一起经过滤器过滤，通过热交换器控制进料温度后进入聚合釜，并根据工艺条件进行聚合。聚合后的浆液在两个脱单体塔内真空脱单体，真空度为0.091MPa。从混合器抽出一部分混合液冷却至9℃送入喷淋冷凝器作为喷淋液使用，由两个脱单体塔出来的混合蒸气被喷淋液冷却成液体，一起返回到混合器循环使用。蒸气被冷凝成液体，体积减小而形成真空。聚合物中最终单体含量小于0.2%，可以直接送去纺丝。

（2）连续水相沉淀聚合生产工艺流程

以丙烯腈为主共聚物的连续水相沉淀聚合生产工艺如图5-9所示。其主要优点是可以采用水溶性氧化-还原引发体系，使聚合在30~50℃之间甚至更低温度下进行，所得产物色泽较白，反应热容易移出，便于控制聚合温度，产物相对分子质量分布较窄，聚合速度快，粒子大小均一，聚合转化率比较高，聚合物含水率低，浆液好处理，对纺丝溶剂——硫氰酸钠浓水溶液纯度的要求低于一步法，回收工序简单。

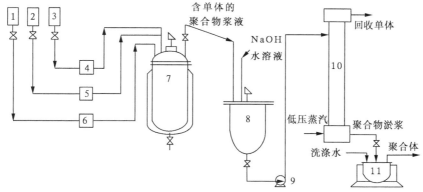

图 5-9 连续水相沉淀聚合生产工艺流程示意图

1—丙烯腈、丙烯酸甲酯计量槽；2—引发剂水溶液计量槽；3—第三单体计量槽；4、5、6—计量泵；
7—聚合釜；8—碱终止釜；9—淤浆泵；10—脱单体塔；11—离心机

155

将储槽 2 中的水、引发剂、表面张力调节剂等用计量泵 5 连续送入聚合釜。同时，由计量泵 4 和 6 连续加入第一、第二和第三单体(单体总量为水量的 15%~40%，其中丙烯腈占 85%以上)，调节好 pH 值。反应物料在聚合釜中停留一定时间以确保转化率为 70%~80%。从聚合釜出来的含单体的高聚物淤浆流入终止釜，用 NaOH 水溶液改变高聚物淤浆的 pH 值使反应终止。再将高聚物淤浆送至脱单体塔，用低压蒸汽在减压下除去未反应的单体，单体回收后可以循环使用。脱除单体的高聚物淤浆经离心脱水、洗涤、干燥即得聚丙烯腈共聚物。

(3)丙烯腈共聚物的纺丝

由于丙烯腈共聚物受热时不熔融，所以只能采用溶液纺丝法——干法及湿法纺丝。其中干法纺丝主要生产长丝，湿法主要生产短丝。

用于纺丝的聚丙烯腈的相对分子质量一般为 25000~80000。由于干法纺丝要求溶液的浓度为 28%~30%，因而相对分子质量要求低一些，在 25000~40000 之间。

① 以硫氰酸钠溶液为溶剂的湿法纺丝。如图 5-10 所示，工业上采用 50%的 NaSCN 水溶液，高聚物的浓度 10%~13%，并加入适当的稀释剂，以降低溶液的黏度。要求纺丝溶液浓度均匀，含气泡、灰尘和机械杂质极少。

将聚合工段送来的纺丝溶液经计量泵压入烛形过滤器至喷头，以 5~10m/s 的纺丝速度喷出纺丝细流，在凝固塔中凝固成型。初生的丝条再经预热浴进一步凝固脱水，并给予适当的拉伸后，于蒸汽加热下进行高倍率拉伸。拉伸后的纤维再经水洗、上油、干燥、热定型、卷曲、切断、打包等工序制得聚丙烯腈短纤维。

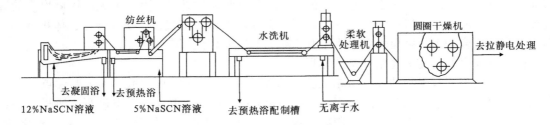

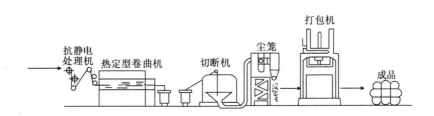

图 5-10　聚丙烯腈湿法纺丝及后处理流程图

② 以二甲基甲酰胺为溶剂的干法纺丝。如图 5-11 所示，以二甲基甲酰胺为溶剂的干法纺丝要求聚丙烯腈的相对分子质量不大于 50000。基本过程是将丙烯腈共聚物和二甲基甲酰胺加入溶解釜中溶解，制得浓度为 26%~30%、黏度为 600~800s(落球法)的纺丝溶液，经过滤及脱泡后，将纺丝液预热，并加入还原性稳定剂。纺丝液经计量泵压入喷丝头，在加热条件下喷出，挥发的溶剂送回收装置，凝固后的丝束经高速拉伸后，洗涤、上油、加捻、定型、卷绕即得聚丙烯腈长丝。干法制得的纤维具有柔性、弹性、耐磨性较好的优点。干法纺

丝具有纺丝速度较高，溶剂回收过程简单的特点。不足之处是高温纺丝操作设备复杂，生产效率比湿法低。

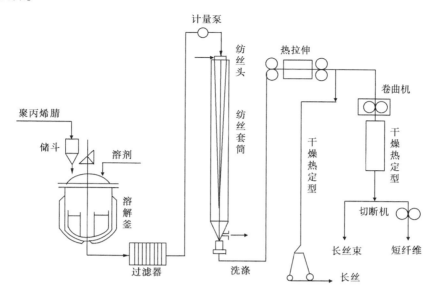

图 5-11　聚丙烯腈干法纺丝工艺流程图

采用混合纺丝和复合纺丝可以改善聚丙烯腈纤维的性能，混合纺丝是将两种成纤高聚物混在一起纺丝，这样可以改进单体纤维的性能，如改善染色性能、收缩率、疏水性、手感和耐热性等。但混合纺丝时应注意两种高聚物的相容性和它们在同一溶剂中的溶解能力等。复合纺丝是两种不同的丙烯腈共聚物溶液从双入口的喷丝头同时喷出，可以得到一种紧密结合在一起的复合纤维，这种纤维具有类似羊毛般稳定的卷曲度和双层结构的复合丝的特点，染色性能也较好。聚丙烯纤维的改性还有许多方法，此处不再赘述。

复习思考题

1. 解释高分子、高聚物、单体、结构单元、聚合度等基本概念。
2. 说明高聚物如何分类。
3. 比较连锁聚合反应和逐步聚合反应两大类型的聚合机理。
4. 连锁聚合包括哪些反应类型？并简单说明各自的反应机理。
5. 逐步聚合反应包括哪些反应类型？并简单说明各自的反应机理。
6. 常用聚合方法有哪些？简述它们的优点。
7. 高分子化合物的生产过程大致包括几部分？
8. 什么是合成树脂？与合成塑料是什么关系？
9. 说明热塑性和热固性塑料的特点。
10. 聚乙烯的产品按结构性能分有哪几种？
11. 比较三种生产聚乙烯的反应机理、反应温度和反应压力。
12. 生产聚乙烯高、中、低压法各采用什么引发剂？
13. 为什么高压法生产的是低密度聚乙烯、低压法生产的是高密度聚乙烯？

14. 氯乙烯聚合过程的两个主要特点是什么？

15. 目前工业上采用的氯乙烯聚合方法有哪几种？主要采用哪种方法？

16. 简述聚乙烯悬浮聚合的工艺流程。

17. 什么是橡胶？天然橡胶的主要成分是什么？列出几种你知道的橡胶产品。

18. 写出丁苯橡胶的聚合机理。

19. 简述纤维的分类情况。

20. 合成纤维生产一般由哪几个工序组成？

21. 说明聚丙烯腈生产的原理。

22. 比较一步法和二步法生产聚丙烯腈的优缺点。

23. 比较干法和湿法纺丝有什么不同，并比较各自的优缺点。

参 考 文 献

1 陈敏恒等. 化工原理[M]. 北京：化学工业出版社，1999.

2 谭天恩等. 化工原理[M]. 北京：化学工业出版社，1990.

3 蒋维钧. 化工原理[M]. 北京：清华大学出版社，1992.

4 姚玉英. 化工原理例题与习题(第三版)[M]. 北京：化学工业出版社，1998.

5 柴诚敬等. 化工原理学习指导[M]. 天津：天津科技出版社，1992.

6 柴诚敬，张国亮. 化工流体流动和传热[M]. 北京：化学工业出版社，2000.

7 丛德滋. 化工原理详解与应用[M]. 北京：化学工业出版社，2006.

8 上海师范大学，福建师范大学编[M]. 化工基础(上、下)(第三版). 北京：高等教育出版社，2001.

9 吴迪胜等. 化工基础(上册)[M]. 北京：高等教育出版社，1989.

10 王焕梅等. 有机化工生产技术[M]. 北京：高等教育出版社，2007.

11 李健秀等. 化工概论[M]. 北京：化学工业出版社，2005.

12 四川石油管理局编. 天然气工程手册[M]. 北京：石油工业出版社，1983.

13 汪寿建等. 天然气综合利用技术[M]. 北京：化学工业出版社，2003.

14 舒均杰主编. 基本有机化工工艺学[M]. 北京：化学工业出版社，1998.

15 梁凤凯，舒均杰主编. 有机化工生产技术[M]. 北京：化学工业出版社，2004.

16 蔡世干，王尔菲，李锐编. 石油化工工艺学[M]. 北京：中国石化出版社，2003.

17 房鼎业，应卫勇，骆光亮编. 甲醇系列产品及应用. 第一版[M]. 上海：华东理工大学出版社，1993.

18 宋维端，肖任坚，房鼎业编. 甲醇工学[M]. 北京：化学工业出版社，1991.

19 陈性永，姚贵汉主编. 基本有机化工生产及工艺[M]. 北京：化学工业出版社，1993.

20 程丽华主编. 石油炼制工艺学[M]. 北京：中国石化出版社，2005.

21 吴志泉主编. 工业化学[M]. 上海：华东理工大学出版社，2004.

22 崔克清主编. 化工工艺及安全[M]. 北京：化学工业出版社，2004.

23 王松汉主编. 乙烯工艺与技术[M]. 北京：中国石化出版社，2000.

24 陈滨主编. 乙烯工学[M]. 北京：化学工业出版社，1997.

25 李明，李玉芳. 丁二烯生产技术及国内外市场分析[J]. 慧聪网 2005 年 8 月 10 日.

26 李健秀，王文涛，文福姬编. 化工概论[M]. 北京：化学工业出版社，2005.

27 吴章极，黎喜林主编. 基本有机合成工艺学(第二版)[M]. 北京：化学工业出版社，1992.

28 胡学贵. 高分子化学及工艺学[M]. 北京：化学工业出版社，1998.

29 于红军. 高分子化学及工艺学[M]. 北京：化学工业出版社，2000.

30 侯文顺. 高聚物生产技术[M]. 北京：高等教育出版社，2007.